U1017646

高等职业教育设计类专业系列教材

UI设计

纪玉川　冯　冲 / 主编
陈　琪　孟　昕　吴凯琪　贾兆颖 / 副主编
李福磊　王莹莹 / 参编

中国轻工业出版社

图书在版编目（CIP）数据

UI设计 / 纪玉川, 冯冲主编. -- 北京：中国轻工业出版社, 2024. 10. -- ISBN 978-7-5184-5012-1

I. TP311.1

中国国家版本馆CIP数据核字第2024F8R592号

责任编辑：陈　萍

文字编辑：王　宁　　责任终审：许春英　　设计制作：梧桐影

策划编辑：陈　萍　　责任校对：朱　慧　朱燕春　　责任监印：张　可

出版发行：中国轻工业出版社（北京鲁谷东街 5 号，邮编：100040）

印　　刷：天津裕同印刷有限公司

经　　销：各地新华书店

版　　次：2024年10月第1版第1次印刷

开　　本：787 × 1092　1/16　印张：14.25

字　　数：260千字

书　　号：ISBN 978-7-5184-5012-1　定价：68.00元

邮购电话：010-85119873

发行电话：010-85119832　010-85119912

网　　址：http://www.chlip.com.cn

Email: club@chlip.com.cn

版权所有　侵权必究

如发现图书残缺请与我社邮购联系调换

230733J2X101ZBW

教学资源库　在线开放课

前言

在移动互联网时代，衣食住行均离不开互联网，时代发展对UI设计师岗位提出了更高的要求。本教材是根据《国家职业教育改革实施方案》要求开发的工作手册式新形态教材，其特点是围绕“如何运用信息化平台、行业新技术和新软件，依据界面设计‘1+X’职业技能等级标准、大学生创新创业大赛标准，培养晓体验、懂交互、精设计的UI设计师”这一问题，以企业项目工作设计过程为主线，将企业真实工作任务转化为学习案例。本教材强化高等职业教育的特征，服务地方区域经济发展，树立以学习者为中心的教学理念，落实以实训为导向的教学改革要求，打造岗课赛证创培养体系，培养UI设计高素质技能人才。

全书共6个项目：项目1对UI设计业务进行调研，初步了解UI设计岗位；项目2进行App设计调研与需求分析；项目3进行交互设计；项目4学习UI视觉设计规范；项目5学习界面效果图制作；项目6进行设计交付。各项目为企业典型工作任务，由易到难递进式地培养学生的专业技能，让学生的技能提升与企业需求相适应，从而有效达成培养UI设计高技能人才的教学目标。本教材配套自建信息化平台，重要知识点配有微课视频，读者通过扫描书中的二维码即可进行在线学习，为培养学生的素质目标、知识目标和能力目标提供了丰富的信息化资源。

本教材在内容上对接界面设计“1+X”职业技能等级标准，实现课证融通教学效果；以“匠心精作”为思政要素，形成“爱岗敬业—以人为本—规范立身—守正创新—精益求精—设计向善”的思政教育路线，结合党的二十大精神、国学经典等内容，将思政教育融入各项目的学习中，加强思想精神内涵提升。

本教材的适用对象是数字媒体艺术设计、广告艺术设计、虚拟现实技术应用、平面设计、软件技术各专业学生，对接UI设计师岗位，具有时代性、创新性与实践性，对于培养工学一体化高素质技能型人才具有示范作用。

本教材由山东劳动职业技术学院组织编写，互联网企业UI设计师全程参与；由纪玉川、冯冲任主编，陈琪、孟昕、吴凯琪、贾兆颍任副主编，济南宽窄文化传媒有限公司李福磊、百度在线网络技术（北京）有限公司王莹莹参编。教材编写分工如下：项目1由纪玉川编写，项目2由陈琪编写，项目3由孟昕编写，项目4由冯冲、王莹莹编写，项目5由吴凯琪、李福磊编写，项目6由贾兆颍编写。纪玉川、冯冲负责全书的统稿。教材整体项目导入撰写、工作任务书审核由李福磊、王莹莹完成。

本教材在编写过程中，参考了许多相关文献和书籍，引用了其中的文字，编者在此对这些参考文献的作者表示衷心感谢！书中不当之处，恳请广大读者批评指正。

纪玉川

2024年3月

目录

项目1 UI设计业务调研

项目2 校园圈子App设计调研与需求分析

项目3 助农电商App交互设计

项目4 音乐App视觉设计

项目5　乡村旅游App界面效果图制作

项目6　适老化App设计交付

项目 1

UI设计业务调研

项目概况

项目背景

党的二十大报告指出，“必须坚持科技是第一生产力、人才是第一资源、创新是第一动力，深入实施科教兴国战略、人才强国战略、创新驱动发展战略，开辟发展新领域新赛道，不断塑造发展新动能新优势。”2013年10月21日，习近平在欧美同学会成立100周年庆祝大会上指出：“创新是一个民族进步的灵魂，是一个国家兴旺发达的不竭动力，也是中华民族最深沉的民族禀赋。”青春意味着无限可能，青年大学生是国家创新创业人才的源头活水。作为拓宽就业渠道、展现青春精神风貌、实现自身价值的有效途径，大学生创新创业近年来如火如荼。

项目导入

设计专业的在校大学生小李等几个同学参加设计大赛获得了一等奖，他们将奖金作为启动资金成立了设计公司。该公司最近接到几个App（手机应用）的UI设计合作项目，但是由于小李等人不是很了解UI设计，客户对小李团队做

出来的设计成果不满意。公司希望大家能够帮他们进行UI设计行业的调研、了解UI设计相关概念、分析UI设计优秀案例，为他们的创业之路助力。

企业要求

（1）对UI设计行业进行概述，包括UI设计的概念、分类、相关术语等。

（2）了解UI设计相关工作岗位。

工作任务

1. 任务要求

（1）针对UI设计的基础知识制作培训课件，并对企业员工进行培训，为后续的开发设计做准备。

（2）搜集优秀的UI设计案例，并根据用户研究员、产品经理、交互设计师和视觉设计师等岗位进行小组分工；结合岗位职责，按照用户体验五要素对案例进行分析，并将案例分析结果梳理为PPT文件，向企业汇报。

2. 任务形式

资料搜集、展示汇报。

3. 建议学时

任务1UI设计概念分析：2学时；任务2UI设计岗位调研：4学时。

工作标准

1. 界面设计“1+X”职业技能等级标准

（1）任务2中对于UI设计岗位的介绍对接“能全面了解产品设计开发流程，理解不同岗位的角色、场景以及任务”的要求。

（2）任务2中对于用户体验五要素的介绍对接“能梳理出清晰的设计全流程思路（含市场用户分析、交互设计、视觉设计、设计验证等）”的要求。

2. 大学生创新创业大赛标准

（1）工作任务立足于大学生创新创业背景，以大学生团队创业为主题，培养学生的创新创业意识，对接“项目团队成员的创新精神和创新意识与能力”的要求。

（2）任务1和任务2对UI设计行业相关知识进行介绍，让学生了解UI设计所需知识，对接“项目体现团队对创新创业所需知识（专业知识、商业知识、行业知识等）与技能（计划、组织、领导、控制、创新等）的娴熟掌握与应用”的要求。

任务1 UI设计概念分析

知识导入

“知之愈明，则行之愈笃；行之愈笃，则知之益明。”这句话出自《朱子语类》，意思是知道和理解得越清楚，行动和实践越扎实，进而认识和理解也就会更加清楚。要学习UI设计，就要首先对UI设计有一个宏观的认识，从而为今后进行具体UI设计项目打下基础。

学习目标

1. 素质目标

（1）激活创新创业内生动力。

（2）培养与时偕行、善于积累的设计师职业精神。

2. 知识目标

（1）掌握UI设计相关概念。

（2）了解UI设计分类。

（3）掌握UI设计相关术语。

（4）了解UI设计的学习方法。

3. 能力目标

（1）能针对UI设计基础知识进行汇报和介绍。

（2）能辨析UI设计相关术语，理解常见术语的联系与区别。

知识准备

UI 设计的概念与分类

1. 什么是UI设计

随着互联网的发展，手机、电脑、电视、智能穿戴设备等机器已经成为人们日常生活中不可缺少的部分。界面作为人与机器交换信息的媒介，是操作设备、获取信息的窗口，如图1-1所示。因此，界面设计越来越受到重视，成为求职市场中的热点。UI即User Interface（用户界面）的简称，UI设计（界面设计）就是对用户界面的操作逻辑、信息传达、界面外观进行整体设

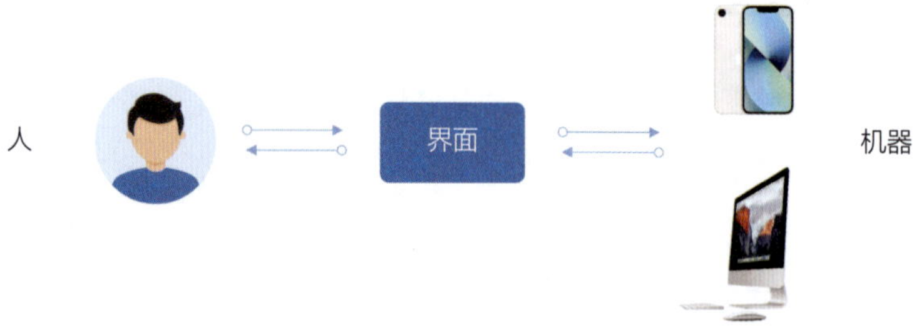

图1-1　界面是人与机器交换信息的媒介

计，让界面变得更加操作友好、信息直观、视觉美观，提升用户的使用体验。

2. UI设计分类

UI设计是一个较为宏观的概念，一切界面的设计都可以称为UI设计。从目前常见的应用领域来看，UI设计可以分为移动UI设计、PC端UI设计、游戏UI设计和其他UI设计。

（1）移动UI设计。移动UI设计指针对移动设备（手机、平板电脑、智能手表等）的界面设计。常见的移动UI设计体现在App界面设计、小程序界面设计、H5界面设计等方面，如图1-2所示。由于手机设备型号众多，移动UI设计和其他几类UI设计相比具有更加严格的设计规范要求，本书主要针对移动UI设计进行讲解。

知识链接

App是Application的缩写，指手机系统上安装的应用程序，如微信、QQ等。小程序是不需要下载安装即可使用的应用，它像是App的简化版，具有开发成本低、内存占用小的优点。H5是指互动形式的多媒体广告页面，主要用来进行营销传播。

（a）App界面设计　（b）小程序界面设计　（c）H5界面设计

图1-2　移动UI设计

（2）PC端UI设计。PC端UI设计是指针对电脑的UI设计，主要包括两大类：网页UI设计（图1-3）和应用软件UI设计（图1-4）。

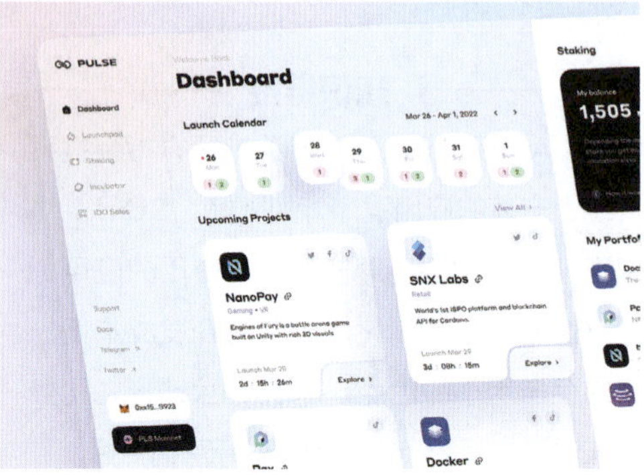

图1-3　网页UI设计

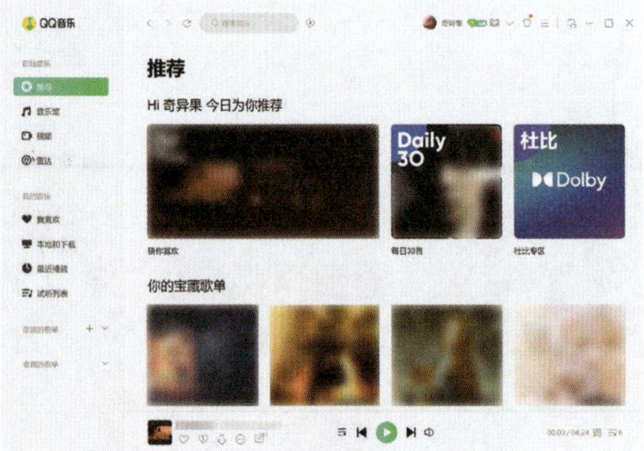

图1-4　应用软件UI设计

（3）游戏UI设计。游戏UI设计指各种游戏的界面设计，包括手机端游戏、PC端游戏、掌机游戏等。游戏UI视觉效果更加复杂多变，对设计师的美术基础要求更高，如图1-5所示。

图1-5　游戏UI设计

（4）其他UI设计。其他UI设计指以上三种类型之外的UI设计。随着互联网、5G等技术的发展，各种硬件都在朝着智能化的方向发展，因而界面也就越来越多地出现在生活的方方面面。智能家电、车载设备、VR（虚拟现实）设备……处处都能看到UI设计的身影，如图1-6至图1-8所示。

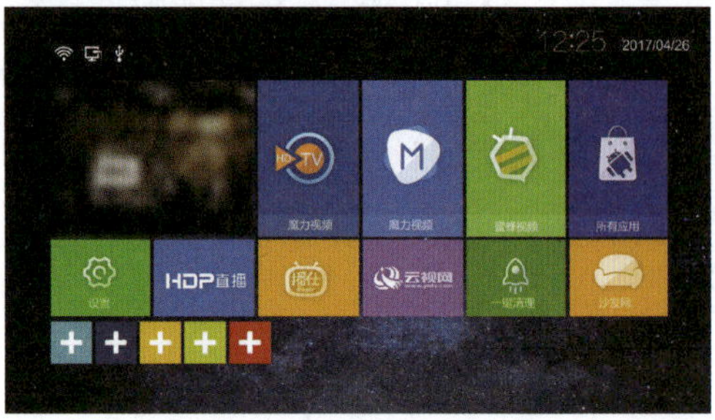

图1-6　智能电视UI设计

图1-7　车机UI设计

图1-8　虚拟现实UI设计

3. UI设计相关术语

（1）操作系统。UI设计与操作平台

密不可分，对于UI设计师而言，需要充分了解系统的UI设计知识。目前市场上主要的智能手机操作平台有iOS系统和安卓（Android）系统。

UI 设计相关术语

①iOS系统：iOS系统是由美国苹果公司开发的专门用于苹果移动设备的操作系统，如图1-9所示。截至2024年3月，iOS系统已经更新到了iOS 17.4版本。不管是设备的改革还是系统的更新，都为用户带来了全新的体验。

图1-9　iOS系统界面

②Android系统：Android系统最初是由安迪·鲁宾（Andy Rubin）开发的，2005年8月被谷歌公司收购。2008年10月，第一款Android系统的智能手机发布。在2014年的Google I/O大会上，谷歌公司推出全新的设计语言——Material Design（材料设计语言），旨在规范Android系统的设备，让Android系统的设计媲美iOS系统。截至2024年4月，Android系统已经发布到了Android 15版本。由于Android系统的开源特性，诺基亚、LG等品牌使用原生Android系统，而部分国产品牌，如小米、OPPO、vivo等都是在Android系统的基础上进行深度定制和修改。图1-10为基于Android系统的MIUI（米柚）系统界面。

图1-10　基于Android系统的MIUI（米柚）系统界面

当然，随着万物互联趋势的到来，近年来国产手机品牌纷纷开始了自研系统的探索之路，以华为的鸿蒙系统（HarmonyOS）为代表的自研系统慢慢走入用户视野。

（2）屏幕尺寸。屏幕尺寸指的是屏幕对角线的长度，一般所说的手机屏幕尺寸有6.1，5.8，5.5，5.1，4.7in等。英寸（in）是常用的长度单位，1in=2.54cm，英寸在工业领域被广泛使用，很多图纸、铭牌上都是使用英寸作为长度单位。显示设备特别是电视机使用英寸来表示大小，后来各种设备的屏幕也继承了这个计量单位。图1-11为iPhone12 mini和iPhone12的屏幕尺寸。

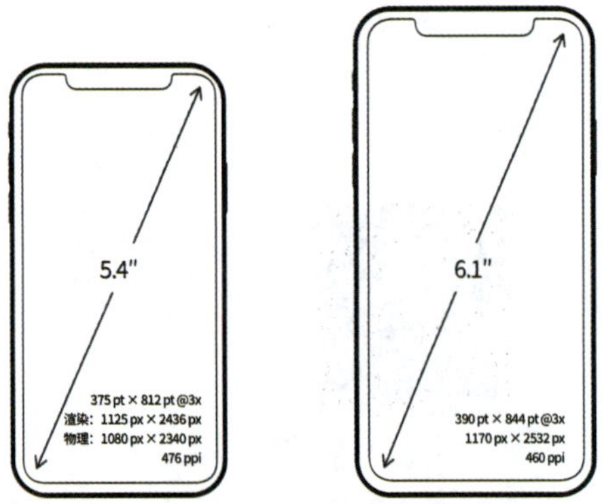

（a）iPhone12 mini　　（b）iPhone12

图1-11　**屏幕尺寸**

（3）像素与像素密度。

①像素：一块完整的电子屏幕由若干基本点拼装组成，这个基本点就是像素（pixel，px）的缩写，如图1-12所示。像素是图像显示的最小单位，它不是自然界的长度单位，而是一种“相对长度”，也不是一个标准的长度单位。

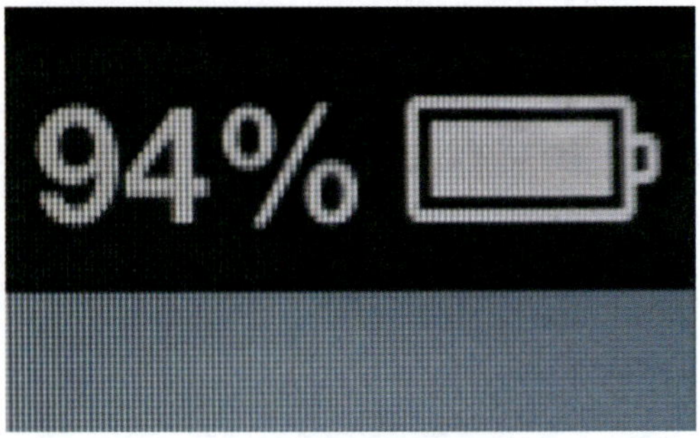

图1-12　**电子屏幕上的像素点**

②像素密度：像素密度（pixels per inch, ppi）是一个密度单位，指的是每英寸像素数。例如，某图像分辨率为72ppi，指的是屏幕以每英寸72像素的方式来显示画面。图1-13为Photoshop软件中的ppi。

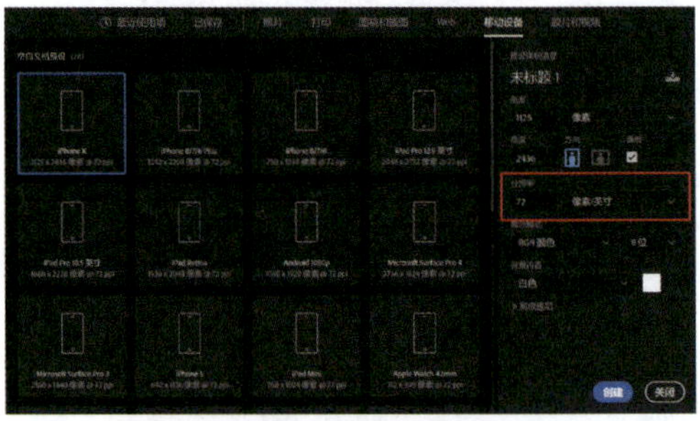

图1-13　**Photoshop软件中的ppi**

看手机屏幕的时候，会发现一些早期的手机屏幕有很强的颗粒感，能看到一颗颗明显的像素点。然而，现在的高端手机屏幕显示则非常顺滑，即使凑近屏幕看，也几乎看不到屏幕的像素点。这就是因为ppi的不同，ppi数值越高，画面看起来越细腻、清晰。图1-14所示为两幅尺寸一样的凡·高画像，但是图1-14（a）明显要比图1-14（b）更清晰，这就是因为在单位尺寸下图1-14（a）的像素点数量更多，也就是ppi更高。

（a）ppi更高

（b）ppi更低

图1-14　**同一幅画不同ppi下的效果**

（4）分辨率。

①物理分辨率和逻辑分辨率：物理分辨率指的是设备屏幕水平和垂直方向具备的像素点的数量，如分辨率为1920px×1080px指的是这块屏幕水平方向上有1920个像素点，垂直方向上有1080个像素点；逻辑分辨率则是在硬件不断发展过程中被提出来的概念，指的是软件可以达到的分辨率。

可以通过以下案例来理解物理分辨率和逻辑分辨率的关系。有一部手机的物理分辨率是750px×1624px，此时有一个软件开发商开发了一款App，该App固定像素横向以750px渲染、纵向以1624px渲染，那么它就刚好铺满整个屏幕。然而，随着屏幕技术的发展，设备的物理分辨率越来越高，这款手机的物理分辨率升级成了1125px×2436px。这时候该软件开发商发现，App不再能铺满整个屏幕了，只有在横向和纵向上都按照原先的1.5倍进行渲染，才能在1125px×2436px的设备上铺满全屏。为了一次性解决这个问题，软件开发商的设计师创造性地提出了逻辑分辨率的概念，通过它来告诉运行在系统上的软件该以多少倍的像素来渲染。

②pt、dp和sp：pt是一种长度单位，等于1/72in，是一种绝对长度单位。该单位是由苹果公司提出的，其采用初代iPhone手机163ppi下一个像素点的大小作为基准。同样，在Android系统中也有相同长度概念的存在——dp，其指的是初代Android手机160ppi下一个像素点的大小。Android系统还有个与dp类似的字体单位sp，该单位支持根据用户的字体大小首选项进行缩放。可以说，开发时用到pt、dp或sp时，讨论的是逻辑分辨率；用到px时，讨论的是物理分辨率。

（5）倍率。随着屏幕技术的发展，物理分辨率可以达到逻辑分辨率的多倍。以iOS系统为例，1pt在不同设备上对应几个px是不同的，这个数量就是倍率，如图1-15所示。倍率=物理像素/逻辑像素，用“@+数字+x”表示。常见的倍率有@1x、@2x和@3x，其中@1x中，1pt=1px；@2x中，1pt=2px；@3x中，1pt=3px。表1-1为iPhoneX在不同倍率下的框架尺寸。

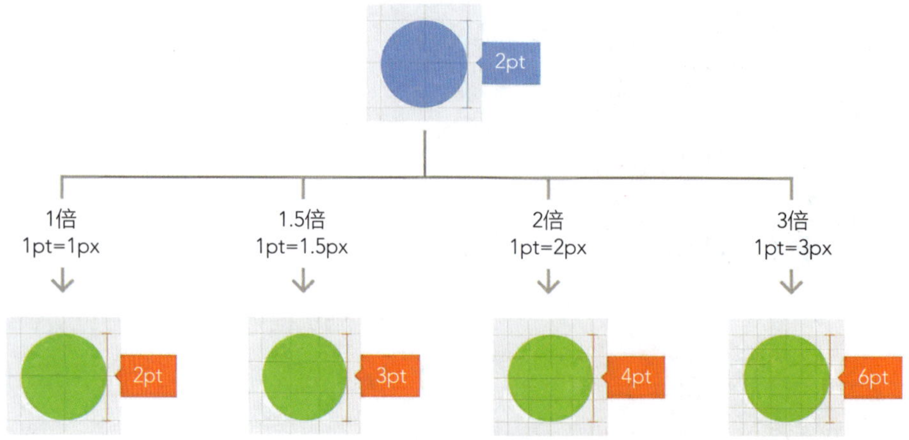

图1-15 倍率换算

表1-1 iPhoneX在不同倍率下的框架尺寸 单位：px

倍率	分辨率	状态栏高度	导航栏高度	标签栏高度	Home键高度
@1x	375×812	44	44	49	34
@2x	750×1624	88	88	98	68
@3x	1125×2436	132	132	147	102

（6）C端和B端。针对用户群体的不同，在互联网行业经常听到C端产品和B端产品的说法。

①C端产品：又称为“To C”的产品，是指直接面向个人（Consumer）用户提供服务的产品，满足的是个人用户的需求，常见的产品类型有工具类、内容类、社交类、平台类、游戏类等。例如微信、淘宝、开心消消乐等，没有明显的行业特征，时间和场景可能比较碎片化，自由度较高，更多的是满足了使用者在生活场景下的各种个人日常需求，如微信社交、淘宝购物、美团点餐、高德导航等。

②B端产品：又称为“To B”的产品，是指为企业（Business）客户提供服务的产品，一般包括企业、集体或商家为工作或业务目的而使用的系统型软件、工具或平台，如钉钉、企业微信、学校的教务系统、企业内部的OA办公系统、淘宝店家使用的商铺后台、新媒体账号用于观测数据的后台软件等。B端产品往往面向的是相关用户在工作场景下完成协同工作的一些特定组织需求，其目的是解决办公或经营过程中的问题，承担着为企业提高收入、提升效率、降低成本、控制风险等重任，通常被用在特定地点、特定时间段，定制性较强。

C端产品和B端产品的对比如图1-16所示。

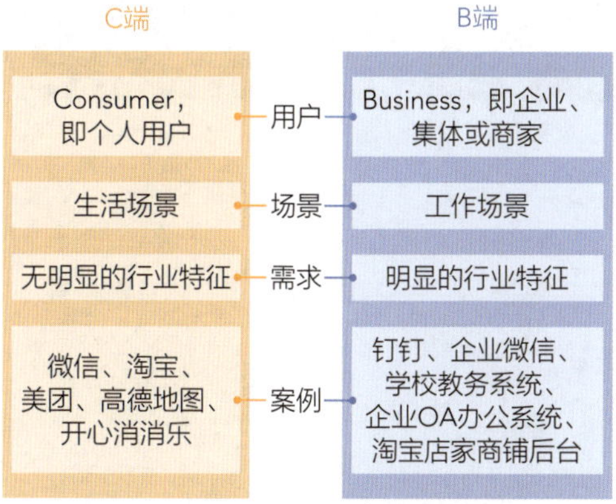

图1–16　C端产品和B端产品的对比

值得一提的是，C端产品与B端产品虽然根据不同的需求在不同的场景下被使用，但是不论面向个人用户还是企业用户，本质都是由人来使用。也就是说，不管“To B”还是“To C”，最后都是“To P（People）”。既然都是由人来使用，那么后续将学习的用户研究、交互设计、视觉设计规范等，在C端产品和B端产品的设计中都是相通的。

4. UI设计的学习方法

（1）开阔眼界，建立案例库。作为UI设计的初学者，开阔眼界是至关重要的。初学者应该广泛阅览资料，对于好的内容及时收藏，建立起自己的素材库、资料库，慢慢培养设计审美。只有知道什么样的设计是好的，才能在后期渐渐做出好的设计。

①浏览设计网站：UI设计作品遍布各大设计网站。第一，国内外综合性设计网站，例如国外的Behance以及国内的站酷网、花瓣网都提供了大量优质的设计作品、文章或者图片素材，适合设计师开阔眼界；第二，国内外UI设计交流网站，例如国外的Dribbble以及国内的UI中国、优设网等，其内容聚焦UI设计，具有较强的专业性。

②阅读相关文章或者书籍：学习UI设计，只看案例是不够的，还需要阅读相关文章或者书籍，帮助自己了解UI设计的最新趋势，并学习、补充UI设计知识点，扩展知识面。

③关注UI设计动态和趋势：关注市面上的UI设计，特别是大型互联网公司的设计动向。保持好奇心，养成体验新产品的习惯，以设计师的眼光关注互联网产品的新动态，留意UI设计的更新、调整动作，保持对于设计的敏感度。

（2）勤加练习，形成作品集。除了开阔眼界，做好设计还离不开勤加练习。千里之行，始于足下，可以先从临摹开始，对案例库里的优秀UI设计进行临摹，培养设计感。有一定积累之后，进一步通过实际项目练习提高创意、实战技能。

同时，要养成设计师的良好习惯，合理归档、保存作品，在一点一滴的积累之后，形成自己的UI设计作品集。作品集是一个设计师综合竞争力的有力体现，也是UI设计相关岗位求职过程中的必备资料。

工作任务 UI设计概述

学生工作手册

工作情景描述

小李的设计公司邀请同学们针对UI设计的基础知识进行分析，形成概念分析PPT文件，并对公司员工进行培训，为公司的后续业务发展做准备。

活动思考

问题1：什么是UI设计？UI设计有哪些常见的类型？

问题2：什么是分辨率？如何理解物理分辨率和逻辑分辨率？

问题3：习近平总书记在党的二十大报告中寄语新时代青年："广大青年要坚定不移听党话、跟党走，怀抱梦想又脚踏实地，敢想敢为又善作善成，立志做有理想、敢担当、能吃苦、肯奋斗的新时代好青年，让青春在全面建设社会主义现代化国家的火热实践中绽放绚丽之花。"读了习近平总书记的这段话，结合本任务的学习，谈谈你的感受。

思想提升

"苟日新，日日新，又日新"是商朝的开国君主成汤刻在澡盆上的警词，旨在激励自己自强不息，创新不已。三个"新"字，本义是指洗澡除去肌肤上的污垢，使身体焕然一新，在《礼记·大学》中引申为精神上的弃旧图新，意思是如果能每天除旧更新，就要天天除旧更新，不间断地更新又更新，比喻要勤于省身，不断革新。那么在学习UI设计的过程中，你准备怎么做?

工作任务实施

活动步骤	活动要求	活动安排	活动记录
步骤1：小组分工	每4人为一组进行分组，明确分工	具体活动1：分组，每4人一小组	
		具体活动2：分工，明确每位成员负责汇报的内容	
步骤2：资料搜集，制作培训PPT文件	根据自身分工，搜集相关资料，制作培训PPT文件	具体活动1：根据自身分工，搜集相关资料	
		具体活动2：利用搜集的资料制作培训PPT文件	
步骤3：培训模拟	结合PPT文件，进行培训模拟	具体活动：与企业连线进行展示，模拟对员工进行培训	

评价与总结

一级指标	二级指标	评价内容	分值	自评	互评	教师	企业专家
学习过程（50分）	自律能力	能够在规定时间内完成下发的各项任务	2				
	学习能力	能够通过自学线上资源，完成自测	3				
		掌握UI设计的概念、分类和相关术语	25				
	实际操作能力	能够对资料进行合理的整合、梳理，制作PPT文件	10				
	小组协作能力	能够与小组成员分工合作，有团队精神	10				
作品得分（50分）	职业岗位能力	PPT文件中的文字大小合适，排版整齐，图文结合适当，无明显错误	20				
		能够模拟对员工进行培训的过程，表达准确流畅、逻辑清晰	10				
		企业满意度	20				
总结							

老师提示

在设计工作过程中，团队精诚合作、语言流畅表达都是很重要的能力。本节课的小组任务里，你做到了吗?

任务2 UI设计岗位调研

知识导入

党的二十大报告指出，“统筹推动文明培育、文明实践、文明创建，推进城乡精神文明建设融合发展，在全社会弘扬劳动精神、奋斗精神、奉献精神、创造精神、勤俭节约精神，培育时代新风新貌。”作为UI设计的从业者，应该如何弘扬这些精神，在自己的岗位上成就出彩的人生呢？首先，应该对各相关岗位的工作职责和工作内容进行了解，本任务就是了解UI设计相关岗位的情况。

学习目标

1. 素质目标

（1）培养坚定信仰、爱岗敬业的情感价值观。

（2）培养团队协作精神和沟通能力，提升职业素养。

2. 知识目标

（1）了解UI设计相关工作岗位。

（2）掌握用户体验五要素的内涵。

（3）了解UI设计相关软件。

3. 能力目标

（1）能够小组分工，按照UI设计不同岗位的职责进行工作。

（2）能够搜集优秀UI设计案例，并按照用户体验五要素进行准确分析。

知识准备

1. UI设计工作岗位

UI 设计工作岗位

一个互联网产品的诞生，不是一个人或者一个岗位就能做到的，需要有一个分工明确的产品团队。团队中的各个岗位各司其职、团结协作，才能成就一个完整的产品。在大型互联网公司中，一个完整的产品团队往往包括用户研究员、产品经理、交互设计师、视觉设计师、前端工程师、后端工程师、测试工程师等。其中，前端工程师主要负责用户界面的设计、开发和实现；后端工程师主要负责后端系统的开发和维护，将产品的功能实现出来；而测试工程师主要负责测试产品的正确性、可靠性和性能，确保产品能够正常运行并被用户使用。这三类岗位属于程序开发范畴。而UI设计范畴，主要涉及的岗位是用户研究员、产品经理、交互设计师和视觉设计师。

（1）用户研究员（User Research，

UR）。顾名思义，此岗位主要是针对用户展开研究。用户研究员的主要工作包括洞察产品所属行业动向，并通过定性和定量研究方法，针对产品目标用户的基本属性、行为、目标、喜好、痛点等进行分析，以挖掘出用户针对产品的需求，产出用户研究报告，从而为产品设计提供有力的启发，帮助产品实现更优化的用户体验。该岗位往往需要较强的深入思考能力和分析研究能力，其核心能力要求如图1-17所示。

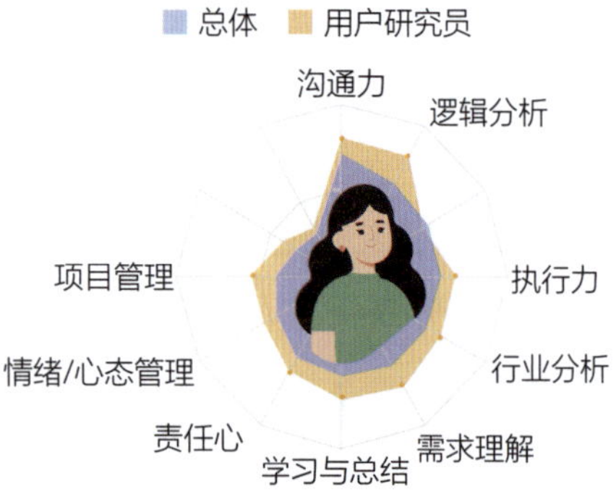

图1-17　**用户研究员岗位核心能力要求**

（2）产品经理（Product Manager，PM）。产品经理是指对产品进行整体规划和管理的人员，负责产品整个生命周期，可以理解为整个产品团队的负责人。产品经理工作内容包含需求收集、需求分析、需求落地、项目跟踪、项目上线、数据跟踪以及协助运营等。产品经理需要在用户研究的基础上，明确产品需要具备的功能和目标。产品经理是一个综合性较强的岗位，需要从业者对于用户研究、交互设计、视觉设计甚至程序开发都具备一定的知识储备，同时需要较强的综合管理、团队协作和沟通交流能力，其核心能力要求如图1-18所示。

图1-18　**产品经理岗位核心能力要求**

（3）交互设计师（Interaction Design，IxD）。此岗位主要对产品的交互形式进行设计，需要秉承“以用户为中心”的设计理念，对交互过程进行研究并开展设计。主要工作是对产品的操作流程和交互形式进行设计，核心目标就是让产品变得更加易用、好用，提供舒适、便捷、愉悦的体验。交互设计师需要产出交互设计原型图，为接下来的视觉设计做准备。该岗位从业者需要具备较强的规范意识和设计能力，其核心能力要求如图1-19所示。

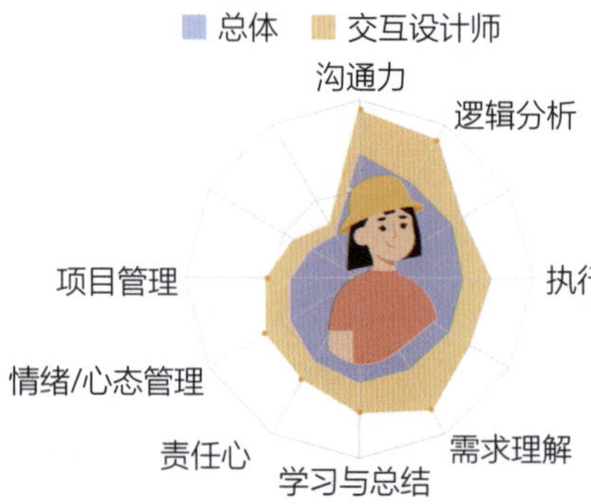

图1-19　**交互设计师岗位核心能力要求**

（4）视觉设计师。此岗位主要针对产品的界面外观进行设计，即在交互原型图的基础上，明确视觉风格，输出色彩、文字、图标等规范，甚至动效的设计，产出产品最终视觉效果图、切图和标注、项目走查和视觉总结。该岗位从业者需要具备较好的审美能力，对视觉设计有较强的敏锐力，有较强的设计执行能力，能使用UI视觉设计软件，其核心能力要求如图1-20所示。

图1-20　**视觉设计师岗位核心能力要求**

值得一提的是，尽管产品设计团队岗位众多，但在实际工作场景中，关系往往错综复杂。每个岗位也都不仅仅只精通自身岗位的内容，还应对其他岗位、环节进行了解，正如当下很多大型产品开发团队越来越倾向于招收具备综合能力的产品设计师或者全链路设计师。

2. 用户体验五要素

用户体验五要素

随着互联网行业的发展，同类产品中用户的选择越来越多，用户已经不仅仅满足于功能的实现，逐渐开始关注自己的体验和感受。从整体的互联网行业来看，用户体验（User Experience，UX）的概念已经深入各个公司。用户体验强调用户在使用产品以及与产品发生交互时出现的主观感受和需求满足。

对于用户体验，用户体验专家杰西·詹姆斯·加勒特（Jesse James Garrett）在其编写的《用户体验要素：以用户为中心的产品设计》中提出了著名的用户体验五要素理论，即从战略层、范围层、结构层、框架层、表现层这五个要素自下而上地解析用户体验的重要性及如何建设用户体验。五个要素从抽象到具体，层层递进，环环相扣，对应着产品从无到有的全流程，每一层级都是在上一层级的基础上进行的，如图1-21所示。

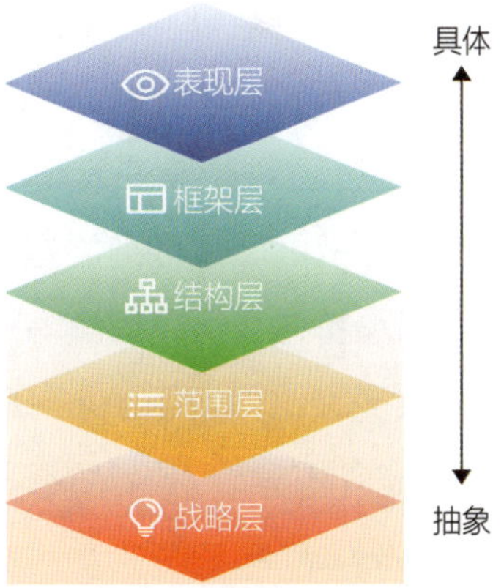

图1-21　**用户体验五要素**

（1）战略层。关键工作：产品定位、用户需求；涉及岗位：用户研究员、产品经理。

如果将做产品比喻成盖房子，那么

战略层便是地基。成功的用户体验，其基础是一个准确明晰的战略。这个战略主要指的是产品定位和用户需求，解决的是“产品所在的行业是什么”“面向的用户是谁”“解决用户的什么痛点”这些问题。例如微信和Soul都是社交类产品，而微信定位是熟人社交，Soul则是陌生人社交，两个不同的定位解决了用户不同的需求。

战略层是产品的基础，若战略层不够明确，那么后续的四个层级也会无从下手。战略层涉及的岗位主要是用户研究员和产品经理，用户研究员对行业和用户进行分析调研，产品经理则需要对产品的定位进行把控，例如通过竞品分析把握对手产品和市场的情况，从而明确自己的特色。

（2）范围层。关键工作：产品功能；涉及岗位：产品经理。

战略层已经把地基打好，接下来要考虑的问题就是“要盖多大面积的房子”，这就是范围层。范围层是指产品支持的功能及特性，可以理解为一个产品的功能列表，比如音乐App可以搜索音乐、收藏音乐等，社交App可以聊天、查看好友动态等。

范围层是由用户需求和成本共同决定的。一方面，用户需求决定了产品的功能及优先级，所以如何分析提取用户需求，将需求转化为功能，变得至关重要；另一方面，产品开发还需要考虑成本，即在当下有限的时间和资金条件下，对于功能进行取舍，例如哪些功能要优先做，哪些功能可以后续做，哪些功能不去做，从而明确功能范围。

当然，产品开发不是一蹴而就的。随着产品开发的进程发展，范围层往往也是动态变化、慢慢扩充的。以支付宝为例，2003年支付宝刚刚面世时，线上购物初步兴起，用户需求单一，团队也刚刚起步，支付宝只有线上支付这一项功能；而随着互联网技术的不断发展，用户线上支付的需求越来越多样化，支付宝的产品团队逐渐壮大，其范围层也随之慢慢扩充，包括余额宝、本地服务、快递物流、亲情支付等。到现在，支付宝已经全方位地融入生活的方方面面，成为一个重要的综合性生活服务产品。

范围层涉及的岗位主要是产品经理。产品经理在前期用户研究的基础上，将用户需求转化成产品功能，并对功能进行解释。

（3）结构层。关键工作：信息架构图、流程图；涉及岗位：产品经理、交互设计师。

现在，需要对房屋的结构进行合理的规划，同样的面积下，是设置三室两厅还是两室一厅？结构层解决的就是这个问题，对于产品来说，便是产品的逻辑结构。产品功能分成哪几个模块，产品中的功能应该出现在哪个页面，用户做完这步操作后应该去往哪里，用户完成某个任务的流程是怎样的……这些都是结构层需要考虑的问题。

结构层涉及的岗位主要是产品经理。产品经理针对范围层里的功能，设计产品的信息架构图，将产品功能的逻辑结构进行合理组织。例如，美食天下App的功能被分为“首页”“广场”“发布”“分类”“我的”五个模块，每个模块之下又有一些细分的功能，如图1-22所示。进一步，产品经理还需要对重要任务的流程进行梳理，确保功能可以被顺利实现。图1-23描述了某App用户进行登录要经历的操作步骤。

（4）框架层。关键工作：页面布局、交互形式；涉及岗位：交互设计师。

接下来，需要进一步敲定房屋的布局，例如人们习惯一进门看到的是客厅，厨房和卫生间门对门肯定不合适等，这便是框架层。在产品开发中，框架层体现了页面的布局和交互形式，大到产品界面版式、交互样式，小到某个图片的大小、按钮的位置。好的页面布局要符合用户习惯，让用户在使用时更加顺畅，比如将重要信息放在最佳视域。框架层涉及的岗位主要是交互设计师，产出交互原型图（图1-24），并进行交互说明。

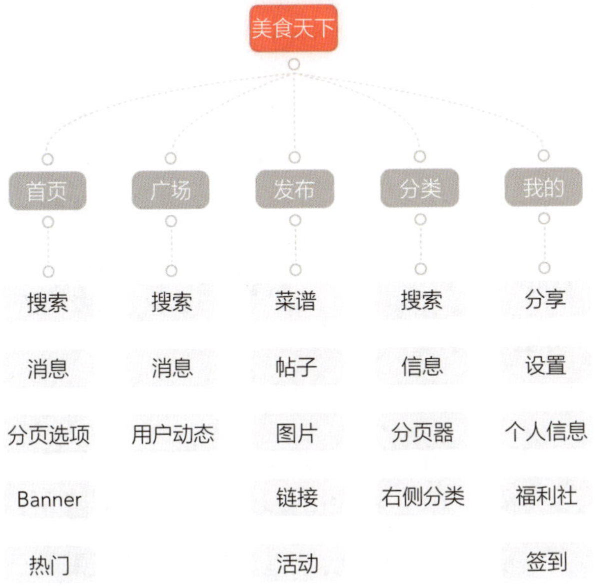

图1-22　美食天下App的信息架构图

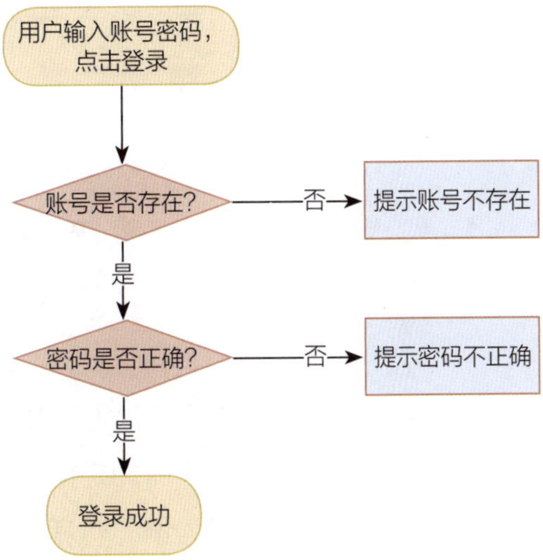

图1-23　某App用户进行登录的流程

图1-24 **交互原型图**

需要注意的是，在设计页面布局和交互形式时要充分考虑产品的定位和特点。以哔哩哔哩和抖音为例，两者都是视频类App，但是页面布局和交互形式却十分不同，如图1-25所示。哔哩哔哩以卡片或列表的形式展示视频入口，用户需要点击视频封面跳转到二级页面，才能查看视频内容；而抖音则采用视频流的形式，用户只需要上下滑动便可以实现视频的切换。这是因为哔哩哔哩属于长视频类产品，用户观看某个视频的时间较长，切换视频的频率相对较低；而抖音属于短视频类产品，用户在某个视频停留的时间很短，切换动作频率较高。

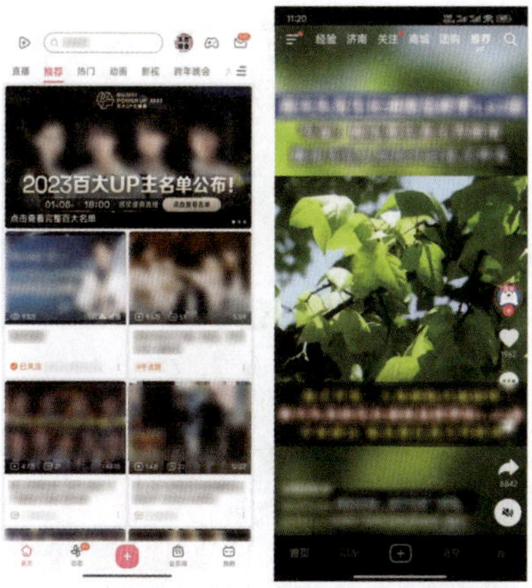

（a）哔哩哔哩界面　　（b）抖音界面

图1-25　哔哩哔哩界面和抖音界面对比

（5）表现层。关键工作：产品功能；涉及岗位：视觉设计师。

随着前期四个层级的推进，房屋已经建好，只剩下最后一步装修，便可以实现房屋的交付了，这就是表现层。表现层指的是产品的视觉设计，也是最直观的层级，它实现了界面功能与审美的结合。打开一个App，看到的所有图形、文字、色彩都属于这一层面。表现层决定了用户的第一印象，同时可以通过形状大小、字体大小、颜色深浅等因素来影响用户感知。图1-26为某App的UI视觉效果图。

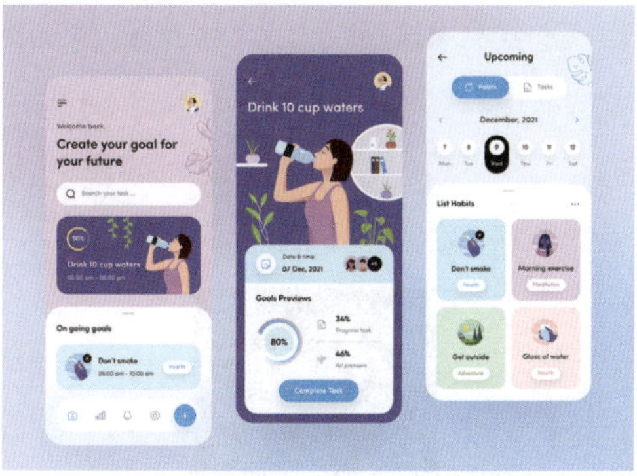

图1-26　某App的UI视觉效果图

表现层主要涉及的岗位是视觉设计师，在交互设计师产出的原型图的基础上，视觉设计师应充分考虑产品定位，明确视觉设计风格，并对全部视觉元素进行设计，从而产出最终视觉稿。当然，在最后还需要对界面进行标注和切图，以把素材交付给程序开发者。

3. UI设计相关软件

UI 设计相关软件

UI设计常用的软件有界面设计类软件、交互原型设计类软件、动效设计软件、思维导图设计软件、标注切图工具和UI设计综合协作平台。这里仅对工作中常用的代表性软件进行介绍，在实际工作中可以根据需要选择合适的工具。

（1）界面设计类软件。

①Photoshop：Photoshop是Adobe公司旗下极为出名的图像处理软件之一，简称PS，具有非常强大的功能，能够实现各种复杂的视觉效果。UI设计工作中，Photoshop主要用来制作复杂的图标、Banner图等，或者对图片进行处理，当然也可以用来进行界面的绘制。图1-27为Photoshop的图标。

图1-27　Photoshop

②Adobe Illustrator：Adobe Illustrator是Adobe公司旗下的一款多媒体标准矢量

图形设计软件，简称AI，支持实现复杂的矢量图形输出，包括插画、字体、纹路图案等。UI设计工作中，AI主要被用于图标、插画和文字的设计，当然和PS一样，也可以用来进行界面的绘制。

图1-28　Adobe Illustrator

③Sketch和Figma：Sketch和Figma都是完全针对界面绘制的专业工具，相较于PS和AI，它们的功能更简单，操作更容易，且体积占用更小，打开速度更快，因此被越来越多地应用在UI设计中。这两者的核心功能相近，其中Sketch基于苹果计算机系统，Windows系统无法使用；而Figma可适用于各种计算机系统，同时支持多人实时共同编辑设计内容，性能更加快速、稳定。近年来，越来越多大型设计公司开始使用Figma进行UI设计。图1-29和图1-30分别为Sketch和Figma的图标。

图1-29　Sketch　图1-30　Figma

④Adobe XD：Adobe XD是一站式UX/UI设计平台，在这款产品上用户可以进行移动应用和网页的设计与原型制作。它也是一款结合设计与建立原型功能，并同时提供工业级性能的跨平台设计产品。设计师使用Adobe XD可以高效准确地完成静态编译或者框架图到交互原型的转变。图1-31为Adobe XD的图标。

图1-31　Adobe XD

（2）交互原型设计类软件。

①Axure RP：Axure RP通常被称为Axure，它是一款专业的快速原型设计工具，支持快速进行原型设计、制作需求文档等，并可自动生成用于演示的网页文件和规格文件，以提供演示与开发。该软件功能强大，自由度较高，适合较为复杂的项目。图1-32为Axure RP的图标。

图1-32　Axure RP

②墨刀：墨刀是国内公司万兴科技旗下的一款线上原型工具，支持团队项目实时协作和管理，支持Sketch、Axure文件一键导入，素材库丰富，功能简捷，上手度更高，适合较为简单的项目。图1-33为墨刀的图标。

图1-33　墨刀

（3）动效设计软件。在动效设计阶段，目前较常用的软件是After Effects，简称AE。它是Adobe公司旗下的图形视频处理软件，在UI设计中主要用来制作动态效果，让界面更加生动。图1-34为After Effects的图标。

图1-34　After Effects

（4）思维导图设计软件。在UI设计中，思维导图设计软件常用来制作信息架构图和流程图。常用的软件有Xmind、百度脑图、ProcessOn等，其中百度脑图、ProcessOn都是网页端在线软件，无须下载，使用便捷。在思维导图设计方面，这些软件的功能没有太大区别，用户可以根据喜好选用。此外，ProcessOn除思维导图外还支持流程图的绘制。图1-35为Xmind、百度脑图和ProcessOn的图标。

图1-35　Xmind、百度脑图、ProcessOn

（5）标注切图工具。PxCook（像素大厨）是一款全平台支持的免费标注切图软件，支持对PS和Sketch设计元素尺寸、元素距离、文本样式与颜色的智能标注和智能切图。图1-36为PxCook的图标。

图1-36　PxCook

（6）UI设计综合协作平台。随着UI设计的发展，市场上出现了很多UI设计综合协作平台，即在一个平台上可以完成原型图、设计稿、交互动效、标注切图等多项工作，大大提升设计团队的整体工作效率，如Pixso、蓝湖、即时设计等。图1-37为Pixso、蓝湖和即时设计的图标。

图1-37　Pixso、蓝湖、即时设计

UI设计软件在不断更新发展，作为UI设计师需要掌握UI设计理论知识，与其他成员沟通协作，然后结合设计软件完成UI设计。用哪款设计软件不是固定不变的，只有掌握了理论知识与设计技能，才能在不断发展的市场中不被淘汰。

工作任务 UI设计岗位调研

学生工作手册

工作情景描述

为了后期更加规范地开展UI设计工作，小李的设计公司准备建立自己的UI设计案例库，邀请同学们帮忙搜集并分析优秀的UI设计案例，为素材库增加储备。

活动思考

问题1：UI设计领域有哪些工作岗位？各岗位的职责分别是什么？

问题2：什么是用户体验？其五要素分别是什么？这五要素分别代表什么含义？涉及哪些岗位？

思想提升

子曰："工欲善其事，必先利其器。"意思是：工匠要想做好工，必须先把器具打磨锋利。作为UI设计师，各种各样的专业软件就是我们的利器。你对UI设计需要用到的软件了解多少？

工作任务实施

活动步骤	活动要求	活动安排	活动记录
步骤1：小组分工	每个小组4名成员，划分职业角色	具体活动1：明确每位成员的职业角色，用户研究员、产品经理、交互设计师、视觉设计师各一名	
		具体活动2：以用户体验五要素为标准，根据层级进行职责划分，明确自己的分析内容。产品经理参与战略层、范围层、结构层的分析，用户研究员参与战略层的分析，交互设计师参与结构层、框架层的分析，视觉设计师参与表现层的分析	
步骤2：分析案例，制作案例分析PPT文件	明确案例，成员按照分工进行合作分析，并将分析成果合成一个汇报PPT文件	具体活动1：明确分析案例	
		具体活动2：成员根据职业角色，团结协作，针对相关的用户体验层级进行分析	
		具体活动3：将分析成果汇总为汇报PPT文件	
步骤3：汇报分析	小组合作，汇报案例分析	具体活动：与企业连线，将案例分析进行汇报	

评价与总结

一级指标	二级指标	评价内容	分值	自评	互评	教师	企业专家
学习过程（50分）	自律能力	能够在规定时间内完成下发的各项任务	2				
	学习能力	了解UI设计中主要工作岗位的工作内容	10				
		掌握用户体验五要素的内涵，能够结合案例进行具体分析	10				
		了解UI设计相关软件	5				
	小组协作能力	能够在小组讨论中明确自身岗位职责，与他人合理分工合作，共同完成案例分析	20				
	表达能力	能够分享自己组的案例分析成果，表达准确流畅、逻辑清晰	3				
作品得分（50分）	职业岗位能力	案例分析的全面性、规范性，对用户体验五要素的理解无明显错误	30				
		企业满意度	20				
总结							

老师提示

用户体验五要素描述了一个互联网产品从0到1的完整过程，也是贯串整门课的一条主线，要做到深刻理解、精准掌握，将用户体验贯彻整个设计流程的每一步。

项目 2

校园圈子App设计调研与需求分析

项目概况

项目背景

随着互联网技术的不断进步，社交方式也在进行着改变，以“00后”为代表的年轻群体越来越倾向于用线上方式来进行社交。从漫圈到饭圈、绘图圈、语C圈等兴趣社区，“00后”的世界可谓是“万物皆可圈”。他们乐于在网络上组建并参与各类兴趣社群，拥有众多基于兴趣划定的社交圈，活跃于点赞、评论、转发等互动活动中。

项目导入

最近，一家校企合作的设计公司接到客户需求，需要设计一款大学生校园圈子App，为在校大学生的社交扩展、爱好发展、生活服务提供信息资讯。公司团队考虑到同学们刚好处在大学校园中，对大学生群体更加了解，因此邀请同学们一起参与App的设计调研与需求分析。

企业要求

（1）对校园圈子App进行竞品分析，撰写竞品分析报告，为后续设计提供借鉴。

（2）对校园圈子App进行用户研究，了解用户群体特征。

（3）对校园圈子用户的需求进行分析，明确功能优先级。

工作任务

1. 任务要求

（1）利用竞品分析工具，针对校园圈子App开展竞品分析，整理调研结果，完成竞品分析报告。竞品分析报告内容清晰、逻辑关系明确、分析合理。

（2）针对校园圈子用户进行用户研究。通过开展用户访谈，进行定性分析，了解用户基本面貌；通过开展问卷调查，进行定量分析，验证和补充定性结果；绘制用户画像，明确用户群体的类型和特征。用户研究过程要科学、严谨，符合国家和行业标准。

（3）针对校园圈子用户的需求展开分析。绘制用户体验地图，挖掘用户需求，并利用KANO模型对需求进行属性划分，明确需求优先级。

2. 任务形式

撰写竞品分析、用户访谈、问卷调查、用户画像、用户体验地图、KANO模型等报告。

3. 建议学时

任务1竞品分析：4学时；任务2用户研究：4学时；任务3需求分析：6学时。

工作标准

1. 界面设计“1+X”职业技能等级标准

（1）任务1竞品分析对接“掌握竞品分析的方法，能选择合适的竞品，制作竞品分析报告”的要求。

（2）任务2用户研究对接“能通过用户研究独立完成角色、场景、任务的定义”“能通过用户研究得出用户画像”的要求。

（3）任务3需求分析中，绘制用户体验地图对接“提出可解决用户需求并有效提升产品体验的创新设计理念”的要求；KANO模型的使用及数据结果分析对接“能够使用数据采集工具获取数据并验证设计成果”的要求。

2. 大学生创新创业大赛标准

（1）工作任务立足于大学生自身生活实际，以校园圈子为主题，引导学生进行设计调研和需求分析，旨在挖掘校园圈子中的需求，设计相关App产品，解决身边的问题。选题切入点对接“项目体现团队扎根中国大地了解国情民情，遵循发现问题、分析问题、解决问题的基本规律”的要求。

（2）任务1～3均由学生团队合作完成，锻炼团队协作精神，对接“项目充分体现团队解决复杂问题的综合能力和高级思维”的要求。

任务1 竞品分析

知识导入

“知彼知己，百战不殆；不知彼而知己，一胜一负；不知彼不知己，每战必殆。”——《孙子兵法·谋攻篇》

那么，在App的设计中，如何做到“知彼知己，百战不殆”呢？那就是要进行竞品分析。

学习目标

1. 素质目标

（1）培养团队协作能力。

（2）培养懂调研、能分析的专业素质。

2. 知识目标

（1）理解竞品分析的含义和意义。

（2）熟悉竞品分析的方法。

3. 能力目标

（1）能够根据工作任务要求，利用多种渠道，寻找合适的竞品。

（2）能够灵活利用矩阵分析法、表格分析法等多种方法进行竞品分析。

（3）能够小组合作完成竞品分析结果的整理，形成竞品分析报告，并独立汇报报告情况。

知识准备

1. 什么是竞品分析

竞品分析

竞品分析来源于经济学领域，是指对现有或潜在竞争对手的优势和劣势进行评价，后来在各行业被广泛应用。

2. 为什么要进行竞品分析

在App开发的各个时期，都可以进行竞品分析。不同时期的竞品分析可以得到不同的效果。

当App处于初创阶段时，即将进入一个新的行业和市场，对市场还没有深入的认识。此时，需要通过竞品分析来了解市场规模与竞争者发展现状，以制定自身的发展策略。

App进入成长期时，需要与竞争者同台竞技。此时，为了避免产品同质化，应通过竞品分析来寻求差异化的发展路径，发挥和突显产品特色。

App进入成熟期后，产品运营与防御策略的重要性就突显出来了，开发者需要随时应对市场的可能变化，避免疏忽。

3. 如何进行竞品分析

（1）搜索竞品的渠道。寻找竞品的方式有很多，一般而言可以通过以下三种渠道来寻找。

①在应用商店直接搜索下载，这是最简单直接的方法。

②在咨询平台进行搜索，例如知乎、36氪、人人都是产品经理等咨询平台有不少App产品设计的文章可以提供参考。

③还可以在专业的产品数据平台进行搜索，例如七麦数据等平台大面积收录了全网App产品的信息，并实时观测其数据变化，开发者可以根据分类定位或者关键词搜索，找到合适的竞品，如图2-1所示。

（2）竞品分析的方法。竞品分析有很多方法，以下是三种常见的方法。

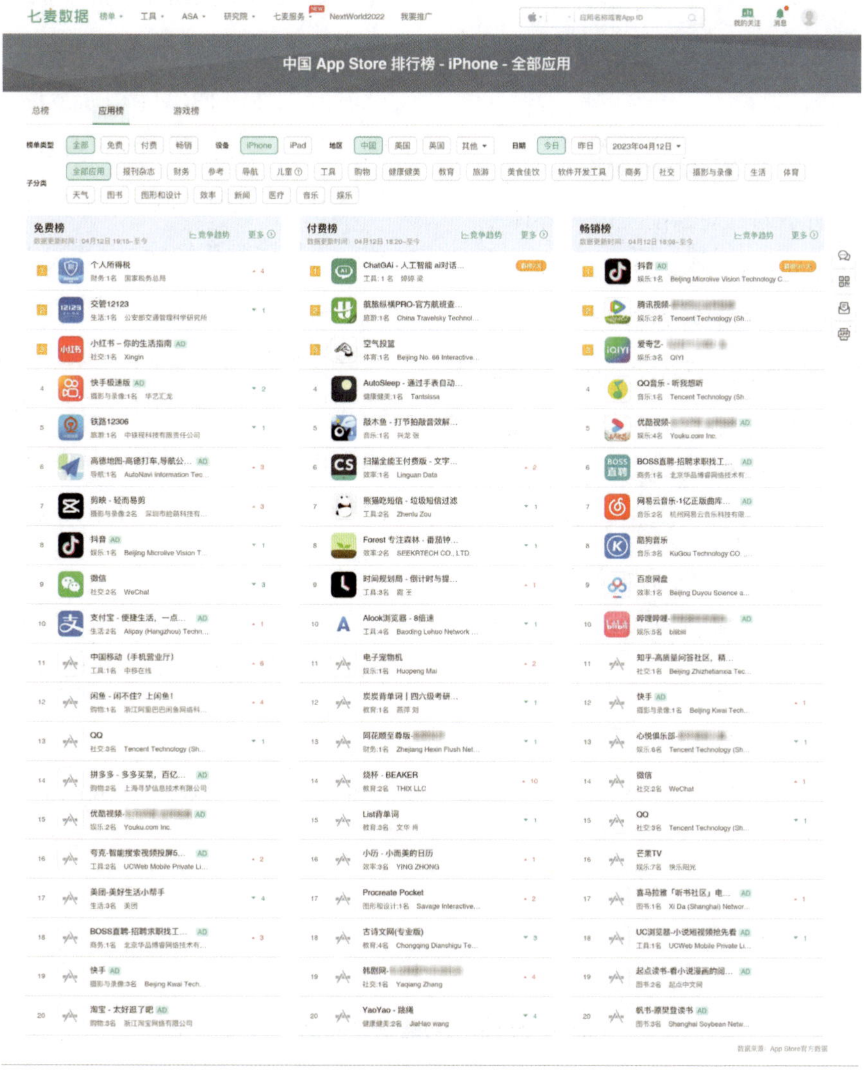

图2-1　七麦数据网站

①矩阵分析法：矩阵分析法又称知觉图，也称2×2象限法、四象限分析法或定位网格法，主要是以二维矩阵的方式，在两个关键的比较维度上对竞品进行定位分析，如图2-2所示，以帮助分析自身产品的定位或者找到突破口。

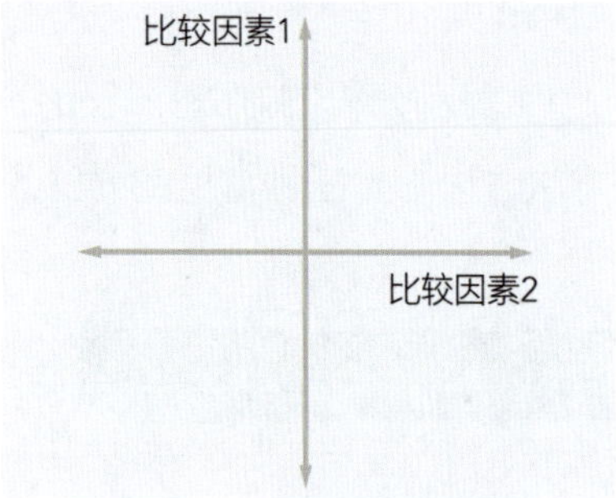

图2-2　构建竞品分析矩阵

图2-3所示为针对当前主流新媒体平台App的竞品分析。由图可知，抖音、哔哩哔哩、小红书重视内容经营，社交功能比例相对较小；而微博、微信和QQ则更侧重于社交功能，同时微信和微博也重视内容经营。就这样，用矩阵分析法来判断各平台在社交性和内容性这两个维度上的定位，从而帮助评估自己产品的竞争优势，判断产品是否需要重新定位。

图2-3　利用矩阵分析法对新媒体平台App进行竞品分析

矩阵分析法的一般操作流程为：首先，确定两个关键的竞品比较维度，例如图2-3中的社交和内容；其次，把两个维度分别作为横坐标和纵坐标，绘制二维坐标系；最后，找到几个主要的竞品，并根据这些竞品在两个维度上的表现，将其绘制在坐标系的相应位置。

②表格分析法：表格分析法主要是用表格和打钩的形式，来对不同竞品间的功能、特性等方面进行直观的比较，能够较为宏观地把握竞品现状，或者帮助设计师思考某个功能元素是否需要保留。

图2-4所示的表格，对几款睡眠类App的功能进行了比较分析，主要从睡

产品	睡眠功能							专注功能				冥想功能			减压功能				商业模式		社交功能		
	助眠声音	睡眠质量分析	睡眠提醒	闹钟	睡眠记录	晚安电台	睡前准备	专注模式	专注标签	专注声音	专注记录	冥想模式	冥想声音	冥想记录	心理压力测试	减压放松	平静情绪	高效工作	商品商城	付费课程	邀请好友	任务打卡	社区交流
潮汐	√	√	√	√	√			√	√	√	√	√	√	√	√	√	√	√					
萤火虫睡眠	√	√		√	√							√	√		√	√				√	√		
小睡眠	√	√	√	√	√	√	√	√		√		√	√		√				√	√			
蜗牛睡眠	√	√	√	√	√	√						√	√		√	√	√		√	√	√	√	√

图2-4　利用表格分析法对睡眠类App进行竞品分析

眠功能、专注功能、冥想功能、减压功能、商业模式和社交功能几大模块进行了对比。例如，潮汐App在睡眠、专注、冥想、减压几个模块中的功能分布比较均衡，而商业模式和社交功能处于空白；小睡眠App的睡眠相关功能最为全面，同时具有丰富的商业模式；蜗牛睡眠App的社交功能最为全面。

③雷达图分析法：雷达图分析法本身是对企业经营情况进行系统分析的一种方法，逐渐被广泛地运用到竞品分析上。雷达图即用图示化的方式对某个竞品多个维度的优势、劣势做出直观的展示，以帮助分析竞品的优势和劣势，一般情况下会定义5～7个维度进行分析。

图2-5所示为利用雷达图分析法，针对有道云笔记和印象笔记两个笔记类工具产品进行的竞品分析。由图可知，两产品在跨平台体验和笔记功能这两个维度的表现优秀且水平相当，但有道云笔记在文章分享和多人协作方面更有优势，印象笔记则在个性化设置方面表现更好。

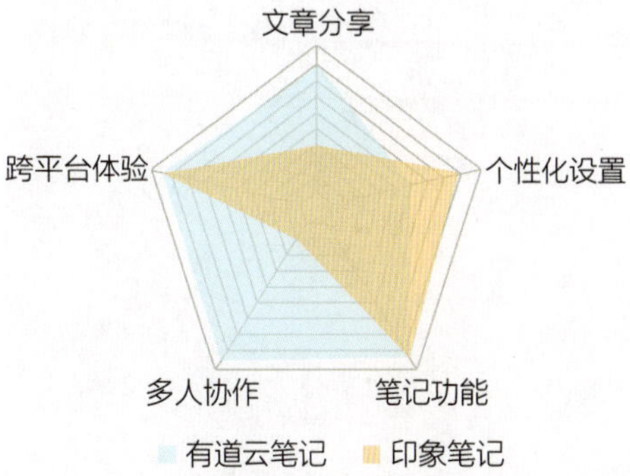

图2-5　利用雷达图分析法对笔记类工具产品进行竞品分析

竞品分析完成后，将竞品分析全过程总结、归纳，整理成为文档，便形成竞品分析报告。竞品分析报告能让项目团队快速明确竞品情况。在完成竞品分析后，为了更好地思考产品设计，需要继续结合用户研究的方法来探索新机会。

工作任务 校园圈子App竞品分析

学生工作手册

工作情景描述

校企合作设计公司的产品团队邀请同学们一起针对校园圈子主题进行竞品分析，通过充分了解竞品现状为后续的开发设计提供借鉴。

活动思考

问题1：现在处于产品开发的哪个阶段？在这个阶段进行竞品分析的目的是什么？

问题2：寻找竞品的渠道有哪些？

问题3：竞品分析都有哪些方法？

思想提升

《诗经·小雅·鹤鸣》："他山之石，可以攻玉。"经过本次学习，你对这句话有了什么更深的理解？这对做设计有怎样的启示？

工作任务实施

活动步骤	活动要求	活动安排	活动记录
步骤1：确定竞品	以小组为单位，针对校园圈子的主题，每个组员寻找一个竞品	具体活动1：在多个渠道寻找竞品，并确定竞品	
		具体活动2：小组讨论，沟通竞品寻找情况	
步骤2：分析竞品	针对找到的竞品展开分析	具体活动1：利用矩阵分析法，绘制矩阵，明确各竞品定位	
		具体活动2：利用表格分析法，绘制表格，对比各竞品功能分布	
		具体活动3：利用雷达图分析法，绘制雷达图，明确各竞品的优势与劣势	
步骤3：得出结论	根据竞品分析的情况，在产品定位、功能分布、功能特色等方面进行展望	具体活动：得出竞品分析结论	
步骤4：撰写报告	将竞品分析的全过程整理成为竞品分析报告	具体活动：撰写竞品分析报告	

评价与总结

一级指标	二级指标	评价内容	分值	自评	互评	教师	企业专家
学习过程（50分）	自律能力	能够在规定时间内完成下发的各项任务	2				
	学习能力	能够通过自学线上资源，完成自测	3				
	实际操作能力	能够找到恰当的竞品	10				
		能够利用恰当的分析方法，对竞品进行合理的分析	15				
	小组协作能力	能够在小组讨论中与他人交流自己的想法，输出有价值的观点	10				
	表达能力	能够分享自己组的竞品分析作业，表达准确流畅、逻辑清晰	10				
作品得分（50分）	职业岗位能力	竞品分析报告撰写的全面性、规范性	30				
		企业满意度	20				
总结							

老师提示

合理利用竞品分析这个工具，并得出有价值的分析，为我们自己的设计提供有价值的借鉴或者启发，这才是竞品分析的终极目的。

任务2 用户研究

知识导入

产品服务于用户，为用户而生。App的开发者如果没有很好地了解用户，往往会造成南辕北辙的状况。只有了解用户，知道用户的需求和习惯，才能设计出符合用户期望的产品。用户研究是一套科学严谨的方法，让开发者可以全方位地了解用户，并且明白产品是为谁而设计的。本任务就是学习App诞生中的“读心术”——用户研究。

学习目标

1. 素质目标

（1）培养以用户为中心的设计思维，培养以人为本的价值追求。

（2）培养严谨认真、科学研究的专业素质。

（3）培养团队协作精神和沟通能力，提升职业素养。

2. 知识目标

（1）了解用户研究的定性、定量方法。

（2）理解用户访谈、问卷调查的含义和意义。

（3）熟悉用户访谈、问卷调查的流程和方法。

（4）掌握用户画像的制作技巧。

3. 能力目标

（1）能够针对某一主题，小组合作完成用户访谈、问卷调查，进行科学的用户研究。

（2）能够根据用户研究的结果绘制用户画像。

知识准备

1. 用户研究方法

通常，用户研究方法可以分为定性和定量两种类型，如图2-6所示。

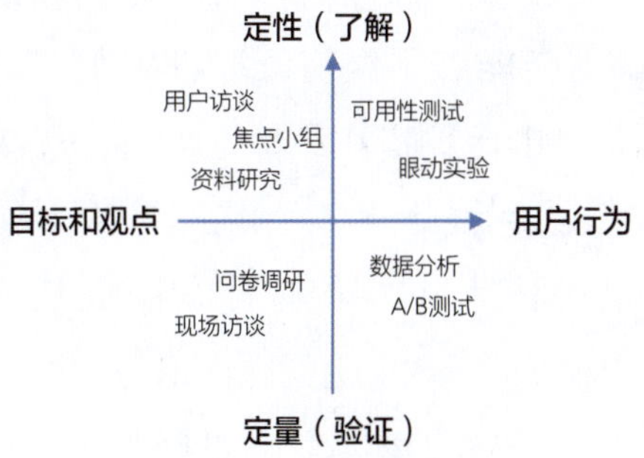

图2-6 用户研究方法

（1）定性。定性是指通过非量化的手段来探究事物的本质，是一种探索性的研究，偏向于对事物进行了解。

（2）定量。定量是指以数量形式存在着的属性，并因此可以对其进行测量，偏向于对事物的结论进行证实。

在实际的用户研究中，定性分析和定量分析往往是结合使用的。定性分析使用较长时间对少量用户进行深度研究，定量分析则在短时间内搜集大量数据。定性和定量分析方法相辅相成，更容易准确发掘用户的需求。

2. 常用定性分析方法——用户访谈

大多数研究的基础都和访谈有关。通过用户访谈，设计师往往能够发现一些以前不知道的问题和意见，这是一个非常有趣的探索过程。

（1）用户访谈的定义。用提问交流的方式，针对某一论题，对受访者进行一对一的谈话，了解用户体验的过程就是访谈。进行用户访谈时，设计师与被调查者往往会进行较长时间的详细会谈，这样能够尽量广泛地收集用户意见，常用于了解用户如何做出购买决策、产品或服务被如何使用，以及对待事物的情绪和个人倾向等。用户访谈的成本较低，但效果明显。不论是大型互联网公司的专业团队，还是创业公司的小团队，经常都会用到这种调研方法。

（2）用户访谈的流程。用户访谈的流程包括拟订访谈计划、制定访谈提纲、邀请访谈对象、实施访谈、整理访谈结果。

①拟订访谈计划：要开展用户访谈，首先要明确访谈计划和访谈目的，并对访谈人员进行合理的分工。一般来说，访谈人员可分别设置访谈者和记录人。访谈者相当于访谈的主持人，主要与被访谈者进行沟通，负责执行访谈；记录人则负责全程参与访谈过程，将被访谈者的回答进行记录。另外，访谈过程通常还需要进行录音或录像，存档以备后续整理分析使用。

②制定访谈提纲：做好访谈计划后，就可以撰写访谈提纲了，访谈提纲能帮助访谈者提前对访谈内容做好规划，从而更有条理地向用户提问，以获得更加有价值的回答。图2-7所示为某坐姿监测App的访谈提纲，该访谈主要围绕三个部分进行：第一，完成对访谈对象的信息采集，包括年龄、职业等；第二，进一步了解访谈对象平时静坐的情况，例如静坐时间等，慢慢将用户引导到对于坐姿监测的需求上；第三，了解访谈对象对于坐姿监测App的看法，包括相关竞品的使用经历和对于坐姿监测App的期待。

③邀请访谈对象：找到合适的访谈对象是访谈能否有效实施的关键因素。邀请访谈对象时，应控制在设计定位目标人群范围之内。一般来说，针对3～5个用户进行访谈就足够说明问题。访谈者需要提前与访谈对象沟通好访谈的时间、地点和大概内容。

④实施访谈：接下来，就可以正式进行访谈了，如图2-8所示。常见的访谈

某坐姿监测App访谈提纲

称谓（或编号）：	访谈地点：
性别：	访谈时间：
年龄：	访谈人：
职业：	记录人：

访谈问题：

第一部分：关于坐姿

1. 请问您工作量如何？在上班或学习时平均每天静坐的时间是多长？

2. 您在静坐时是否能做到保持正确的姿势？

3. 静坐时，一般间隔多长时间放松一下身体？您在放松时一般做什么？

4. 平时您是否有关注坐姿是否正确的意识？

5. 您是否患有由于长时间姿势不当的静坐导致的疾病（颈椎病、腰肌劳损、脊柱弯曲、头痛等）？

第二部分：关于坐姿监测 App

1. 您是否用过关于健康数据类型的 App（比如穿戴设备 App 以及运动健身类 App）？

2. 您认为这些 App 的不足有哪些？

3. 如果有一款和坐姿提醒相关的 App 产品，您希望它是什么样的？您希望这样的 App 有哪些功能？

图2-7　某坐姿监测App访谈提纲

可以分为以下三个阶段进行。

a.介绍与暖场：主持人可以首先进行简单的寒暄和自我介绍，从而消除用户的担心，建立起信任关系。同时，轻松的沟通有助于活跃气氛，让用户更加放松。

b.正式访谈：在对用户有了一个比较彻底的了解之后，就应该把话题引到和主题相关的情况上来。访谈者需要注意，提问时保持中立，避免诱导性的问题。

c.总结与感谢：在访问完最后一个问题后，向用户表明本次访谈已结束。可以简短总结受访者的经历与感受，同时向用户表达感谢，告知其回答非常具有参考意义。

图2-8　**用户访谈的实施**

⑤整理访谈结果：访谈者与访谈对象进行沟通时，由记录人全程录音，并实时记录访谈对话内容。记录人应注意尽可能记录原话，不做主观的修改或总结。访谈结束后，应做好访谈的整理、归档和总结。

3. 常用定量分析方法——问卷调查

问卷调查

通过用户访谈，设计者已经对用户的基本面貌有了大概的了解，然而由于访谈的样本数量有限，还需要进一步通过问卷调查进行定量验证。

（1）问卷调查的定义。问卷调查是指通过制定详细周密的问卷，要求被调查者据此进行回答以收集资料的方法。

（2）问卷调查的流程。问卷调查的流程包括设计调查问卷、问卷投放与回收、数据处理与总结。

①设计调查问卷：常见的问卷一般由问卷标题、卷首语、问题三个部分组成。

a.问卷标题是对研究内容和目的的概括。

b.卷首语是问卷调查的自我介绍，一般放在问卷的前面，包括简单介绍调查者的身份、单位等信息，同时说明调查的主要内容和目的，对调查者表示感谢，并说明问卷的用途和保密情况。

c.问题是问卷主体，其内容应与调查目的相符，表达应简洁明了。问题的类型可以分为开放式和封闭式，开放式问题的答案不做要求，用户可以自由填写，例如填空题、问答题；封闭式问题则是将几个答案列出，由用户进行选择，例如单选题、多选题等。

问卷设计的技巧：第一，问题陈述要态度友好，立场中立，同时描述要直白清晰，避免歧义，尽量避免使用专业术语；第二，设计的问题不要过多，避免用户因失去耐心而放弃填写；第三，选择题的答案要尽可能照顾到各种用户的情况，且选项之间要互斥；第四，问卷的问题设置顺序也有讲究，一般应当先封闭式问题后开放式问题，从而由浅入深、由表及里地进行问题探索。

图2-9所示为智能家居消费者调研问卷。为了方便用户理解，该问卷按照问题内容进行分节编排：第一部分是对用户基本信息的收集；第二部分对用户的智能家居产品安装使用情况及购买意愿进行了解；第三部分重点关注用户消费习惯和动机。

智能家居消费者调研问卷

您好！感谢您在百忙之中抽时间打开本问卷，问卷旨在做一项关于智能家居消费情况的调查研究，恳请您帮忙填写这份问卷。本问卷实行匿名制，所有数据只用于统计分析，请您放心填写。您填写的信息对我而言十分宝贵，感谢您的帮助！

第一部分：个人基本信息

1. 请问您的性别是?

A.男　B.女

2. 请问您的年龄是?

A. 18 岁以下　B. 18~24 岁　C. 25~34 岁　D. 35~44 岁　E. 45~54 岁　F. 55 岁及以上

3. 请问您的职业是?

A. 在读学生　B. 企业管理者　C. 公务人员　D. 企业职员　E. 普通工人（如工厂工人、体力劳动者等）

F. 自由职业者　G. 其他职业人员，请注明

4. 请问您的学历是?

A. 初中及以下　B. 高中或中专　C. 本科或大专　D. 硕士及以上

5. 请问您所在的城市是?

A. 一线城市　B. 新一线城市　C. 二线城市

D. 三线、四线城市　E. 其他城市

6. 请问您的家庭成员数量是?

A. 1~2 人　B. 3~4 人　C. 5~6 人　D. 7 人及以上

7. 请问您的家庭居住面积是?

A. 60 m^2以下　B. 60~90 m^2　C. 91~120 m^2　D. 121~200 m^2　E. 200 m^2以上

8. 请问您的家庭月收入是?

A. 5000 元及以下　B. 5001~10000 元　C. 10001~15000 元　D. 15001~20000 元　E. 20001 元及以上

第二部分：智能家居产品安装使用情况及购买意愿

9. 您家中是否安装智能家居设备（包括单品或套装）?

A. 有安装　B. 没有安装

10. 您目前家里的智能家居形式是?

A. 智能单品（例如智能音响、智能摄像头、智能门锁、扫地机器人等）

B. 基础智能系统套装（例如智能安防系统、智能照明系统、智能影音系统等）

C. 全屋智能家居

11. 未来 3 年，您是否有意愿购买智能家居相关产品?

A. 功能独立的智能家居单品（功能独立，单价亲民，可以根据需求购买）

B. 基础智能系统套装（价格不高且能初步完成对家居控制和智能管理）

C. 定制全屋智能家居（一次性安装完成，智能程度高，价格较贵）

D. 不确定

第三部分：消费习惯

12. 请问以下哪种描述最符合您对于购买智能家居的情况?

A. 我更关注产品的科技性，我愿意为高科技付费

B. 我更关注产品的品质，我愿意多花钱购买高品质的产品和服务

C. 我更关注产品的实用价值，我愿意在消费能力范围内提升生活品质

13. 请问您购买或者有意向购买智能家居的出发点有哪些?
A. 尝试新鲜技术　B. 满足实际需要　C. 体现身份品位　D. 其他，请注明
14. 请问您目前没有购买智能家居的原因有哪些?
A. 对智能家居不了解，不知道能实现哪些具体功能
B. 不知道购买渠道
C. 缺少专业指导，不知道如何选购
D. 价格太高
E. 担心产品安装、使用过于复杂
F. 担心产品技术不成熟，容易出现问题
G. 担心产品更新换代太快，容易被淘汰
H. 其他，请注明
15. 请问您以往通常通过哪些渠道购买智能家居?
A. 在线上渠道购买（官网、淘宝、京东旗舰店……）
B. 在线下渠道购买（实体零售店、体验店、服务商）
C. 线上和线下渠道结合，比如先在线下体验，然后在线上购买
D. 其他，请注明
16. 在购买智能家居前，您会重点关注哪些方面的信息?
A. 产品的价格、功能等基本信息介绍
B. 背后的技术原理
C. 其他消费者的评价与问答
D. 专业人士的产品测评、使用分享、好物推荐
E. 熟人朋友的使用感受、口碑
F. 其他，请注明
G. 以上都不重要
17. 在购买智能家居时，您认为哪些服务对您来说很重要?
A. 到线下实际试用、体验产品
B. 针对性的产品推荐、方案定制、购买指导等
C. 与服务人员进行技术上的交流与咨询（如技术原理、具体参数、组装方法）
D. 其他，请注明
E. 以上都不重要
18. 在购买智能家居之后，您认为哪些服务对您来说很重要?
A. 产品的物流配送
B. 帮助完成产品的安装调试，并进行使用引导
C. 产品的维护维修、清洗移机等售后服务
D. 产品的定期检修、延长保修、以旧换新、新品优先试用等增值服务
E. 与他人交流分享产品使用心得和经验
F. 其他，请注明
G. 以上都不重要

图2-9　**智能家居消费者调研问卷**

②问卷投放与回收：问卷的投放与回收可以分为线上和线下两种形式。其中，线下可以采用入户调查、街访、实地调查等形式，其优点是能够和用户面对面交流，赢得用户信任，而缺点则是人力和时间成本较高；线上方式因其便捷、高效的优势被越来越多地应用，国内的一些问卷平台为线上编辑、投放与

回收问卷提供了便利，例如问卷星、问卷网、腾讯问卷、金数据等。

值得注意的是，为了得到更为可靠的数据，问卷投放时需要注意找准目标群体，最好是产品的直接用户或者潜在用户。另外，为了避免因为被调研者数量过少导致的偶然性，确保调查结果的相对科学性，问卷调查的样本量通常在题目数量的5～10倍为宜，例如一份20题的问卷，样本量大概要在100～200个比较适合。

③数据处理与总结：问卷回收并不是问卷调查的终点，设计师还需要进一步对回收的数据进行处理和分析，并总结出有用结论，这才是问卷调查的最终目的。问卷星、问卷网、腾讯问卷、金数据等线上调查平台能提供基础的数据统计、交叉分析等功能。仍然以图2-9所示的智能家居消费者调研问卷为例，该问卷在问卷星平台编辑，并进行投放与回收。图2-10是该问卷第2题和第5题的回收数据，数据显示智能家居消费者的年龄主要集中在25～44岁，用户地域主要集中在一线城市、新一线城市和二线城市。另外，在调查数据处理环节还经常用到的其他工具有SPSS、SAS等。

4. 用户研究的产物——用户画像

用户画像

设计师前期利用用户访谈、调查问卷等多种调研方法获得了足够的信息，但用户研究的工作还没有结束，还需要根据前期的调研内容输出用户画像，作为用户研究的总结性成果。

（1）用户画像的定义。用户画像（Persona）是用户研究的一种总结，是根据用户社会属性、生活习惯和消费行为等信息抽象得到的标签化用户模型。可以试想这样一个场景：当你独自一人来到商场，想要为朋友挑选一件衣服时，店员可能会怎样问你？没错，店员可能会针对这位朋友的性别、年龄、职业、风格、身材、喜好等各个方面展开提问。那么，他为什么要问这么多问题呢？这是因为店员想要尽可能想象并还原用户的真实面貌，以为其推荐最合适

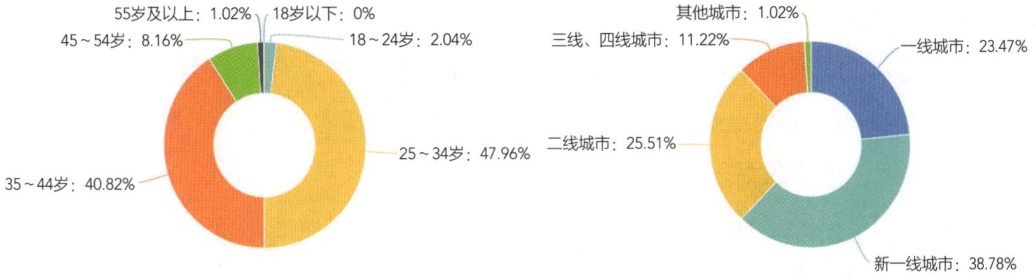

（a）第2题数据　　（b）第5题数据

图2-10　智能家居消费者调研问卷数据回收

的服装。这个提问的过程其实就是店员在试图构建用户画像的过程。

用户画像又称为用户角色模型，是对产品目标人群的概括性描述，是目标用户特征的集合。用户画像往往是抽象出来的一个具体的用户角色，常常包括性别、年龄、城市、职业等基本信息，以及使用习惯等与产品有关的信息。用户画像可以将抽象的人口统计资料转化为具体而典型的人物形象，能够帮助设计师高效厘清用户的特点，进行针对性设计。

图2-11所示为淘宝的首页，整个页面其实可以分为两个部分：上方的导航栏和金刚区，是搜索框和各种分类的入口，这个区域是便于用户直达自己的购买目标，进行精准搜索，总而言之，这个区域面向的是有明确购物目标的用户；而页面的下方主要是大量的信息流，是基于用户喜好的商品推荐，这里是系统大数据通过测算用户平时的浏览记录智能推荐的商品，方便用户随意浏览，产生随机的购物目标，总而言之，这个区域面向的则是不知道要买什么、随便逛逛的用户。由此可以发现，一个简单的淘宝首页，面向的用户是两大不同类型、不同需求的人群，这其实就是用户画像的作用。为了做好一个产品，设计师需要找到自己的目标用户，了解他们的特征，从而去满足不同用户的细分需求。面对这个目标，用户画像便是一个有力的工具，能够帮助设计师厘清各类用户的面貌。

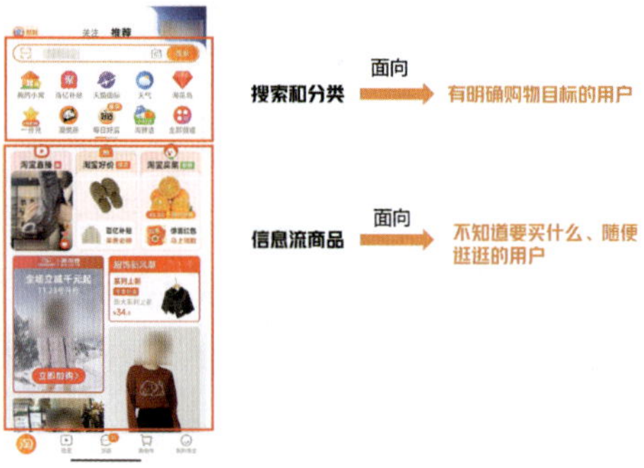

图2-11　淘宝首页用户分析

（2）用户画像的特点。

①用户画像兼具虚拟性和真实性：用户画像是根据用户的特点和行为构建的虚拟人物，不是真实存在的人，这是虚拟性；尽管如此，因为用户画像是从科学的用户数据得来的，所以它所反映的用户特征是典型且真实的，这是真实性。图2-12所示为某健康饮食类App的用户画像，该画像提到的“姜秀英”和“郝军”并不是现实世界中真实存在的人，然而他们代表的两类人群的特征却是真实的。

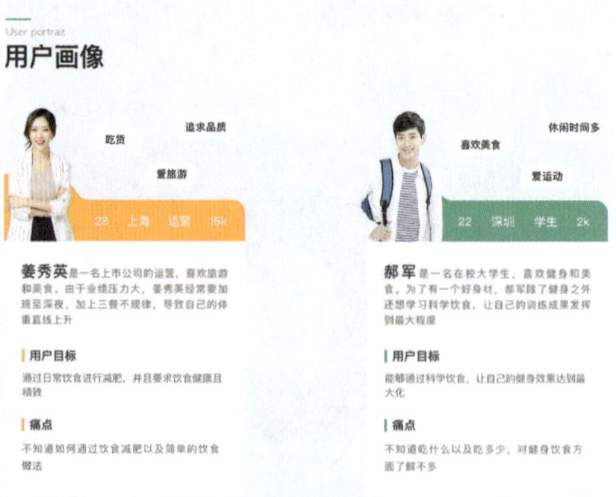

图2-12　某健康饮食类App用户画像

②用户画像通常不止有一个：一些产品的受众范围较广，用户群体较为复杂，表现出不同的需求和特点。在研究时既不能随意忽略某些用户，也无法将全部用户简单归为一类，因此需要构建多个用户画像，对用户进行细分，区分用户的种类和特征。图2−13所示为一个美食类的App，它面向的用户便是各种各样的。例如，对于厨艺不熟练的用户，要满足简单易学菜谱的需求；对于减肥的用户，要满足提供低热量菜谱的需求；面向厨艺高超的人，则要满足高级菜谱、创意菜谱的需求；而对于喜欢搜索新口味的人、和亲朋好友欢聚的人等，又需要满足他们餐厅推荐、美食团购的需求。

（3）用户画像构建步骤。一般来说，构建用户画像的具体步骤如下。

第一步：以观察、访谈、问卷等形式获取用户信息。

第二步：列出用户在行为、习惯、态度等方面的共性特征，并根据共性特征进行分类，明确有几类用户。

第三步：这是最关键的一步，就是最后深入刻画这些标签化的角色。刻画角色的角度没有定律，可以根据产品设计的需求来定，一般的刻画描述都要围绕产品本身展开。可以从4W的角度展开细致刻画。

①Who（用户属性）：用户是什么样的人？可以通过校园圈子消费者的职业、年龄、城市、教育背景、家庭组成、生活习惯等信息了解用户的基本定位。

②Why（需求）：用户出于什么目的去使用该产品？为什么想要使用校园圈子App？想要从中得到什么？用户有什么痛点？

③When（时间）：用户哪些时候使用产品？校园圈子的用户在什么时间使用该产品？

④Where（场景）：用户使用产品的场景是什么？是在家中、宿舍、教室？还是在其他地方？

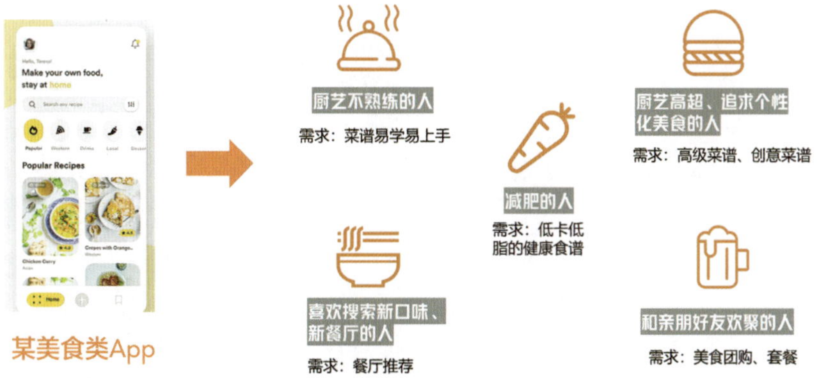

图2−13　某美食类App用户分析

工作任务 校园圈子App用户研究

学生工作手册

工作情景描述

校企合作的设计公司拟邀请同学们和公司团队一起针对校园圈子App进行用户研究，为后续的用户需求分析做准备。

活动思考

问题1：用户访谈属于定性分析还是定量分析？用户访谈的流程是怎样的？

问题2：问卷调查属于定性分析还是定量分析？设计问卷的时候有哪些注意事项？

问题3：用户画像有什么作用？

思想提升

习近平总书记在二十届中共中央政治局常委同中外记者见面时强调："新征程上，我们要始终坚持一切为了人民、一切依靠人民……我们要始终与人民风雨同舟、与人民心心相印，想人民之所想，行人民之所嘱，不断把人民对美好生活的向往变为现实。"在设计领域，那就是要坚持"设计为民"的思想，秉持"以用户为中心"的原则进行设计，你是如何理解这个原则的？

工作任务实施

活动步骤	活动要求	活动安排	活动记录
步骤1：进行用户访谈	面向校园圈子用户，开展用户访谈	具体活动1：拟订访谈计划（访谈目的、人员分工、设备准备）	
		具体活动2：制定访谈提纲	
		具体活动3：邀请访谈用户（3～5个）	
		具体活动4：实施访谈	
		具体活动5：整理访谈结果	
步骤2：进行问卷调查	面向校园圈子用户，进行校园圈子App问卷调查	具体活动1：设计问卷	
		具体活动2：发放并回收问卷	
		具体活动3：数据处理与总结	
步骤3：绘制用户画像	绘制校园圈子App的典型用户画像	具体活动1：描述用户角色，包括头像照片、姓名、性别、年龄、职业、城市等	
		具体活动2：分析用户特征，包括用户目标（对于校园圈子App的期待，例如希望通过这个产品满足什么需求，或者希望这个产品具有一些什么功能）、动机（为什么想要使用这个校园圈子App）、场景（什么时间、什么状态下想要去使用校园圈子App）	

评价与总结

一级指标	二级指标	评价内容	分值	自评	互评	教师	企业专家
学习过程（50分）	自律能力	能够在规定时间内完成各项任务	2				
	学习能力	正确理解用户研究中的定性方法与定量方法	3				
	实际操作能力	掌握并应用用户访谈方法	10				
		掌握并应用问卷调查方法	10				
		能够根据用户研究，绘制用户画像	10				
	小组协作能力	能够在小组讨论中与他人合理分工合作，共同完成用户研究任务	8				
	表达能力	能够与用户进行沟通交流，表达清晰、具有亲和力	3				
		能够分享自己组的用户研究结论，表达准确流畅、逻辑清晰	2				
		能够准确组织用户研究报告的内容	2				
作品得分（50分）	职业岗位能力	用户研究报告撰写的全面性、规范性	30				
		客户满意度	20				
总结							

老师提示

用户研究的方法有很多，其实，无论是定性分析还是定量分析，都是为了更准确地把握目标用户的面貌，得出精准的用户画像，从而为下一步进行用户需求分析做准备。

任务3 需求分析

知识导入

任何产品的起点都是一个需求：冰箱设计的初衷是为了满足人们储存食物的需求，汽车设计的起点则是满足人们希望快速抵达另一地点的需求……其实，App也是一样的：微信开发的起点是满足朋友之间社交的需求，淘宝开发的起点是满足人们的购物需求……设计师做App，要认识到产品功能不是设计师天马行空的产物，更不是设计师一厢情愿的想法，而应该是在科学地研究用户需求之后得到的结果，如图2-14所示。用户体验地图和KANO模型便是两个帮助设计师分析用户需求的有力工具。

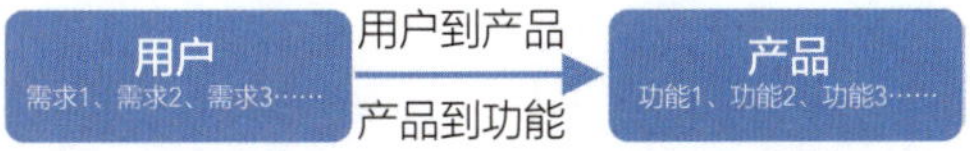

图2-14 用户需求与产品功能的关系

学习目标

1. 素质目标

（1）培养以用户为中心的设计思维。

（2）培养实事求是、从需求出发的专业素质。

2. 知识目标

（1）理解用户体验地图、KANO模型的含义和意义。

（2）熟悉用户体验地图、KANO模型的使用流程和方法。

3. 能力目标

（1）能够针对某一体验，绘制用户体验地图，并挖掘用户痛点，将其转化为设计机会点。

（2）能够利用KANO模型进行调查，精准进行用户需求优先级定级。

知识准备

1. 用户体验地图

用户体验地图

（1）用户体验地图的定义。用户体验地图又称用户旅程图，就是通过一张图，用一种讲故事的方式，从一个特定用户的视角出发，将服务过程中的用户体验按照一定逻辑顺序通过可视化流程图表的形式展示出来，主要关注点是用户的行为及情绪感受，它能够帮助设计师厘清用户体验过程，由此来发掘用户体验中的需求并转化为设计机会点。图2-15所示为某酒店App的用户体验地图，对一个用户从入住酒店前，到入住酒店，再到入住后的整个体验阶段进行了分析，得到了用户体验的痛点和可能的机会点。图2-16所示则是某线上教育App的用户体验地图，描述了一个用户从前期的选课、购课到学习课程，最后到客户服务的整个体验过程，同样得到了相关的痛点和可能的机会点。不难发现，用户体验地图的格式类似，都是对某个体验的全流程分析，包括用户目标、行为、情绪等信息，从而得出痛点和机会点。

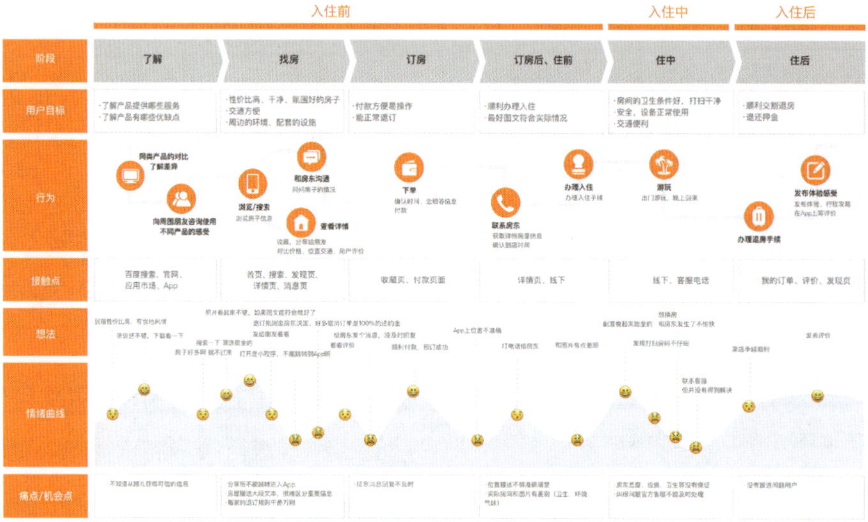

图2-15　某酒店App用户体验地图

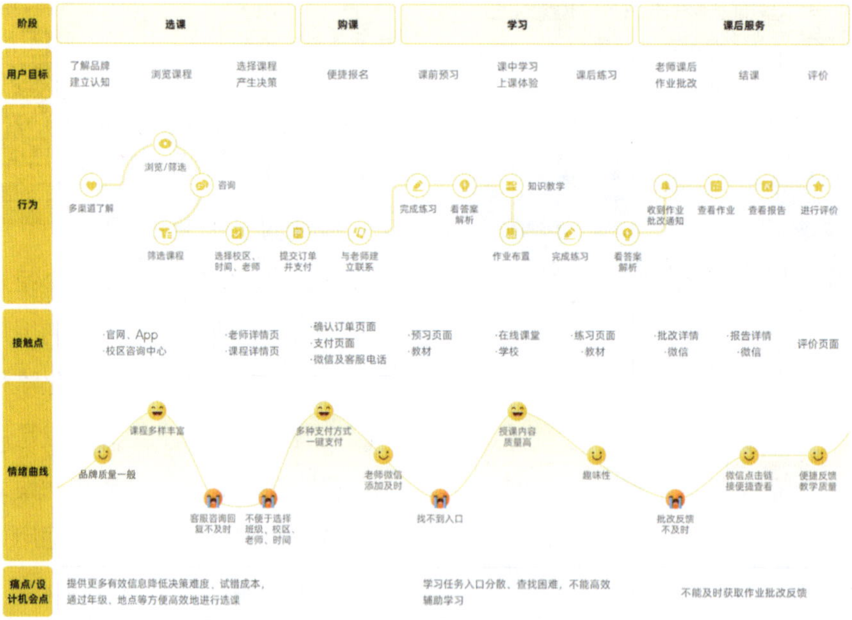

图2-16　某线上教育App用户体验地图

（2）用户体验地图的绘制。用户体验地图一般由体验阶段、用户目标、用户行为、用户情绪、痛点以及机会点六部分构成。了解体验地图的绘制过程，可以从一个生活中常见的场景出发——使用App购买家电产品。

①体验阶段：首先，将用户体验的过程划分为几个连续性的阶段，如图2-17所示。在这部分，可以先以颗粒度大的骨干场景出发，在购买家电的整个过程中大的阶段包括购买前、购买中、购买后。进一步，基于上面大的阶段，还可以拆解出颗粒度更小的二级故事场景。例如，购买前可以分为了解产品信息、查找实体店；购买中可以分为做出购买决策、购买商品；购买后可以分为商品配送安装、使用体验和使用后分享。

②用户目标：用户在每个阶段都是有具体目的的，因此在这部分，需要明确用户在每个阶段要完成的目标或任务，如图2-18所示。在购买前，用户的目标是初步了解产品的信息，并明确要前往体验的线下实体店；在购买中，用户的目的是通过体验来做出购买决策和行为；在购买后，用户的目标则变成了成功接收并安装商品，解决商品使用过程中遇到的售后问题，并分享自己的使用经验。

③用户行为：明确目标之后，需要进一步梳理用户在每个阶段确定要做的事情。通过对用户的行为观察、访谈等形式，对前期总结的各阶段典型用户行为路径进行梳理，如图2-19所示。例如用户在购买前这一阶段，便先后做出了“搜索产品—阅读信息—查找实体店”的一系列行为。

图2-17 划分体验阶段

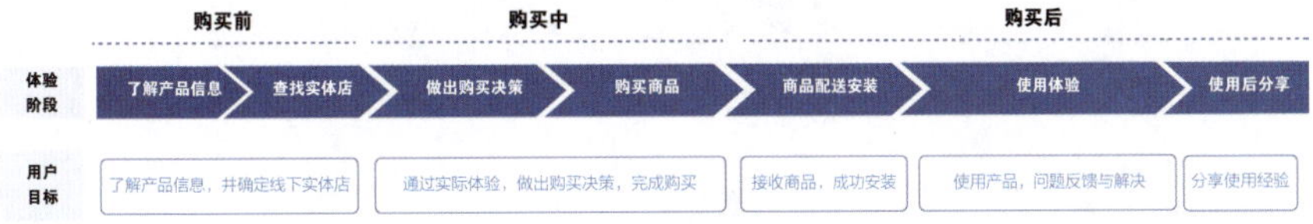

图2-18 明确用户目标

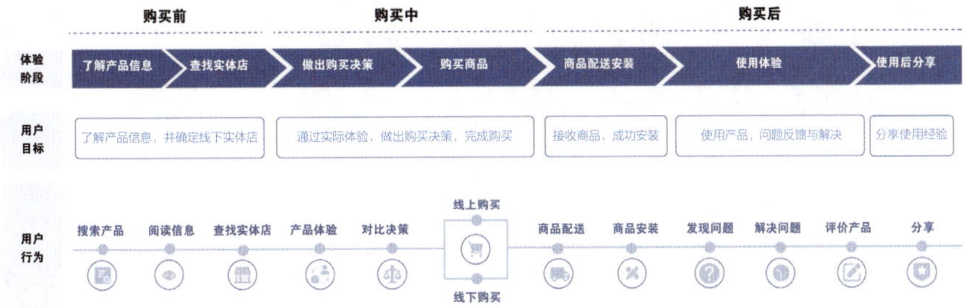

图2-19 梳理用户行为

④用户情绪：记录体验过程中用户的情绪反应，并利用曲线连接形成贯穿用户行为路径始终的动态情绪曲线，如图2-20所示。例如，用户在购买前，会充满好奇和疑惑的心情；而在购买过程中，容易出现纠结、焦虑等情绪。

⑤痛点：痛点是指当前产品中用户迫切需要解决的问题，痛点的存在会让用户的体验情绪下降。因此，设计师可以针对情绪较低的行为触点进行分析判断，深挖其深层次的原因，总结为用户痛点，填写到对应的阶段中，如图2-21

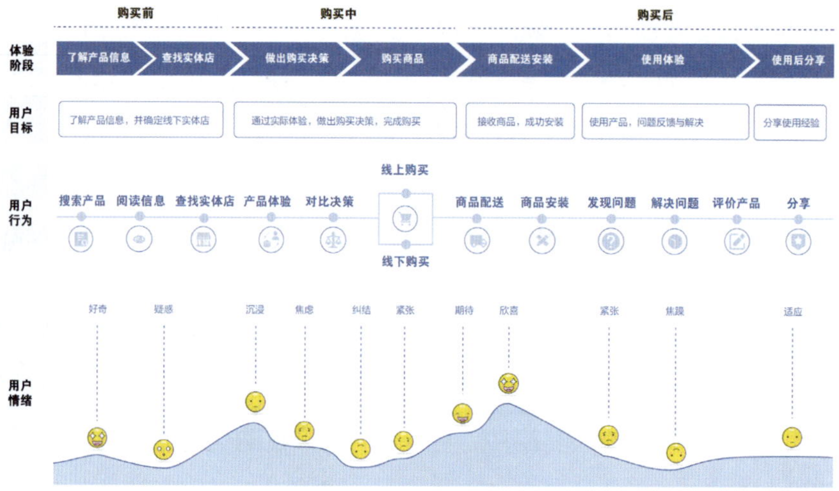

图2-20　绘制情绪曲线

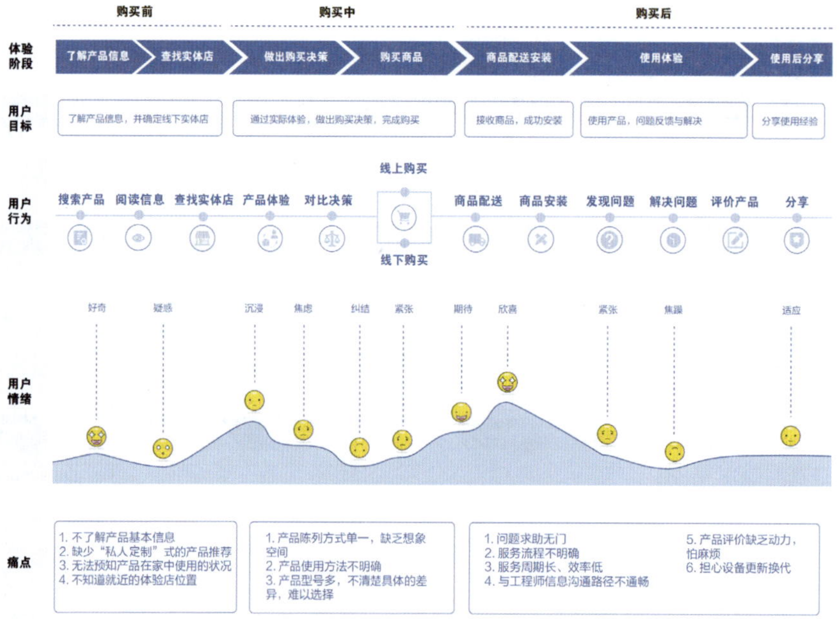

图2-21　总结痛点

所示。例如在购买前的阶段，用户在好奇之后陷入疑惑的情绪，设计师通过调研总结归纳出了“不了解产品基本信息”等亟待解决的痛点。

⑥机会点：根据地图得到的需求，思考产品中具体的功能，让产品的功能去满足用户的需求，从而实现用户需求到产品功能的转化，如图2-22所示。例如针对用户在购买前阶段中的痛点“无法预知产品在家中使用的情况”，通过设计思考，考虑产品可以提供“在线虚拟试用”这一功能去解决这个痛点，使其成为产品开发中的一个机会，这就实现了从痛点到机会点的转化。

2. KANO模型

KANO 模型

根据前期的工作，收集并汇总了用户需求，那么，在这么多功能中，哪些是用户真正需要的？哪些是用户不在意的？这里，可以利用一个分析需求类型的方法——KANO模型，来归类用户需求，确定需求满足的优先级。

（1）KANO模型的定义。KANO模型是由日本质量管理专家狩野纪昭建立的双维度需求认知和分类工具。该模型改变了传统对满意度的单维度观点，创造性地提出并不是所有需求的满足都一

图2-22　将痛点转化为机会点

定能带来顾客满意度的上升。在此基础上，他建立了需求满足情况与顾客满意度之间的关系，将用户需求分为魅力型需求、期望型需求、必备型需求、无差异型需求、反向需求五类，如图2-23所示。

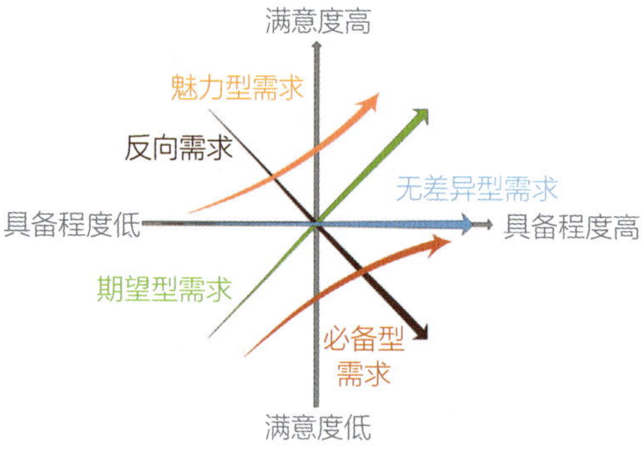

图2-23　KANO模型

①魅力型需求（Attractive）：顾客通常不会想到这类需求，然而一旦这种需求被满足，满意度将得以较大程度地提升，但需求不被满足时却不会对满意度造成影响。总而言之，魅力型需求是能让用户感到意外与惊喜的功能。UI设计中常说的情感化设计，就是在产品中增加魅力型需求，通过一些有趣的交互、提示，来提升用户的满意度。图2-24所示为某社交App界面。在对话界面中，当消息列表为空时，会展示一个趣味性的插画，画面上的邮箱空空如也，甚至出现了蜘蛛网；在好友聊天界面中，当消息为空时，也会展示一个趣味性插画，画面上是一个纸飞机，鼓励用户发送一条消息。这样的设计不会实现具体的功能，没有这个设计也不会让用户的满意度下降，但一旦提供，就能够让用户会心一笑，感受到产品的趣味性和人情味。

（a）对话界面　（b）好友聊天界面

图2-24　某社交App界面

②期望型需求（One-dimensional）：这类需求的满足与否将对用户的满意度产生线性影响，越满足这类需求，用户满意度越高，反之则满意度越低。总而言之，期望型需求是用户非常想要有的功能，通常是用户的主要诉求或痛点。以微信的修改微信号功能为例，2020年以前，不能修改微信号是一个困扰用户已久的痛点。长期以来，修改微信号功能的缺失也影响着用户对微信的满意度。2020年，该功能终于上线，如图2-25所示，用户纷纷点赞。

③必备型需求（Must-be）：用户认为满足这种需求是理所当然的，这些需求的满足虽然不会提高用户的满意度，但在缺乏时将会造成满意度的严重下降。总而言之，必备型需求是用户默认必须满足的，通常是一个产品最底层的

功能，例如社交工具可以发表情包，电商有购物车、支付功能。如果这些底层的功能实现不符合预期，那么就会对用户的满意度造成极其负面的影响。

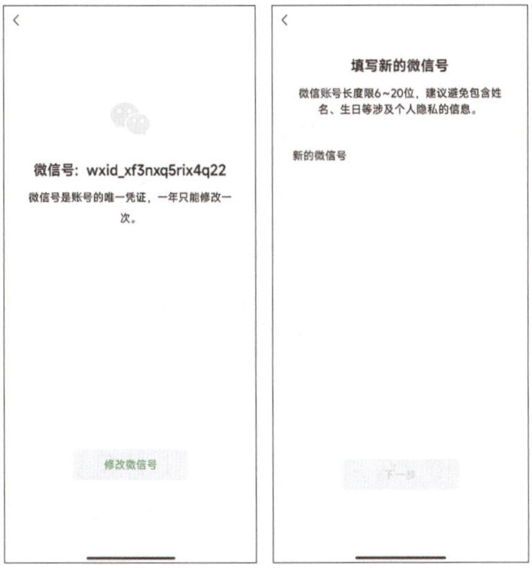

图2-25　微信修改微信号界面

④无差异型需求（Indifferent）：这种需求无论满足与否都不会影响用户满意度，即可有可无的无效需求。

⑤反向需求（Reverse）：当满足这类需求时，用户的满意度反而会下降。例如图2-26中某些App里面带的广告功能，对于用户来说就是一种反向需求。

（2）KANO模型调研的流程。KANO模型调研的流程包括KANO问卷设计、KANO模型属性划分、KANO属性优先级确定。

①KANO问卷设计：要利用KANO模型进行需求分析，需要面向用户发放问卷。问卷需要针对每一项需求设置一对双向问题，即每一项服务在提供和不

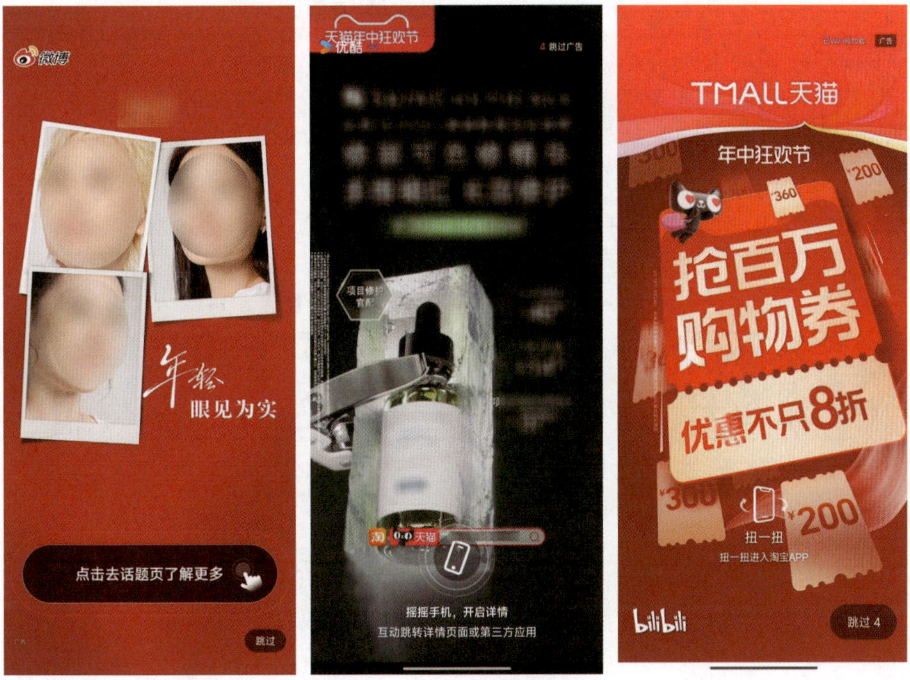

图2-26　App中的广告

提供时的满意度。问题采用5点李克特量表，对正/反两方面的满意度进行提问。值得注意的是，由于用户对于每个需求的解读可能不尽相同，因此在问卷设置时对每个需求进行解释说明，方便用户正确理解，确保问卷的填答准确。下面，以购买家电产品场景中的一个需求——产品信息展示作为案例，设置问卷问题，如表2-1所示，其余问题的设置格式相同。

②KANO模型属性划分：将问卷结果回收，通过KANO模型二维需求属性量表（表2-2）判定每一个用户对某需求的属性划分。

仍然以购买家电产品场景中的需求——产品信息展示作为案例，介绍KANO属性的具体判断方法。针对产品信息展示这一需求，用户的选择答案若是：如果具备产品信息展示功能选择“理应如此”，如果不具备产品信息展示功能选择“不喜欢”，则对应表格可以得出，该用户对该需求指标的KANO评价结果为“必备型（M）”，反映出消费者认为产品信息展示是家电购买场景中必须具备的条件。

通过对不同用户的评价结果进行整理，可以得到每一需求指标归属各需求属性的数量。归类时采取最大化原则，即取用户对某个需求的感知情况所占比重最大的属性为其最终的属性分类。例如，对于产品信息展示需求，在105位被调查用户中，1名用户问卷结果为魅力型

表2-1　KANO模型调研问卷设计

需求1：产品信息展示。即展示家电产品的信息，包括型号、规格参数等					
问题	不喜欢	可以忍受	无所谓	理应如此	喜欢
提供该服务时					
不提供该服务时					

表2-2　KANO模型二维需求属性量表

需求		不满足该需求				
		喜欢	理应如此	无所谓	可以忍受	不喜欢
满足该需求	喜欢	无效结果（Q）	魅力型（A）	魅力型（A）	魅力型（A）	期望型（O）
	理应如此	反向（R）	无差异型（I）	无差异型（I）	无差异型（I）	必备型（M）
	无所谓	反向（R）	无差异型（I）	无差异型（I）	无差异型（I）	必备型（M）
	可以忍受	反向（R）	无差异型（I）	无差异型（I）	无差异型（I）	必备型（M）
	不喜欢	反向（R）	反向（R）	反向（R）	反向（R）	无效结果（Q）

需求，24名用户问卷结果为无差异型需求，65名用户问卷结果为必备型需求，15名用户问卷结果为期望型需求，则取数量最多的65名用户问卷结果对应的分类为最终属性分类，即最后判断产品信息展示需求为必备型需求。

③KANO属性优先级确定：必备型需求（M）是用户主观判定的最为重要的需求，应首先得到满足。期望型需求（O）是用户表现出主观期待、预想的需求，在必备型需求全部满足之后，需要首先处理这部分需求。魅力型需求（A）是超出用户预期的需求，可在满足了必备型需求和期望型需求的基础上，在条件允许的范围内适当满足，能够有效提升用户满意度。无差异型需求（I）具有无关紧要的特点，对于这类需求，设计师可以根据自身实际条件灵活处理。反向需求（R）会给用户造成负面情绪，因此在设计时要尽力避免。

工作任务　校园圈子App需求分析

学生工作手册

工作情景描述

现在请你根据任务2用户研究的结果帮助校企合作的设计公司，对用户在使用校园圈子App过程中的需求进行分析。

活动思考

问题1：什么是用户体验地图？绘制用户体验地图的流程是什么？

问题2：KANO模型的作用是什么？KANO模型有哪几种属性分类？

思想提升

如何理解匠人理念“严谨专注，精益求精”？结合所学的用户体验地图和KANO模型，谈谈在分析用户需求的时候应该如何做。

工作任务实施

活动步骤	活动要求	活动安排	活动记录
步骤1：绘制用户体验地图	对用户进行观察、访谈等，了解校园圈子用户的体验过程，绘制用户体验地图	具体活动1：划分体验阶段	
		具体活动2：明确用户目标	
		具体活动3：梳理用户行为	
		具体活动4：绘制情绪曲线	
		具体活动5：归纳痛点	
		具体活动6：将痛点转化为功能需求机会点	
步骤2：利用KANO模型确定功能优先级	根据用户体验地图总结的功能需求机会点，利用KANO模型进行分析，确定功能优先级	具体活动1：汇总校园圈子用户需求	
		具体活动2：针对汇总好的需求，设计并发放KANO模型调研问卷	
		具体活动3：回收问卷，并根据数据对各项需求进行KANO属性划分，明确需求优先级	

评价与总结

一级指标	二级指标	评价内容	分值	自评	互评	教师	企业专家
学习过程（50分）	自律能力	能够在规定时间内完成各项任务	2				
	学习能力	理解用户体验地图的作用，掌握其绘制方法	15				
		理解KANO模型的作用，掌握其分析方法	15				
	小组协作能力	能够在小组中与他人合理分工合作，共同完成用户需求分析任务	10				
	表达能力	能够与用户进行沟通交流，表达清晰、具有亲和力	5				
		能够分享自己组的需求分析结论，表达流畅、逻辑清晰	3				
作品得分（50分）	职业岗位能力	用户体验地图绘制的完整性、规范性、准确性	15				
		正确使用KANO模型方法进行调研	15				
		企业满意度	20				
总结							

老师提示

先用用户体验地图得出用户的需求点，再用KANO模型进行用户需求定级，整个过程是前后连贯的，注意其中的逻辑关系。

项目 3

助农电商App交互设计

项目概况

项目背景

2024年中央一号文件指出："推进中国式现代化，必须坚持不懈夯实农业基础，推进乡村全面振兴。"近年来，在"互联网+农业"的深入发展背景下，电子商务已经成为活跃在乡村振兴战略建设和发展中的重要力量。助农电商持续通过短视频、直播、商城等全域兴趣电商模式助力农产品上行，让远在各地乡村、尚未被更多人看见的优质农特产出山，走向全国消费者和更大的市场。2023年的中国农民丰收节，农业农村部特别提出："推动电商平台持续设立丰收频道、丰收专馆及丰收主题活动，给予流量支持或平台费用减免，支持网上丰收节农产品促销活动。"

项目导入

结合国家乡村振兴战略，校企合作的设计公司近期要设计一款助农电商App，以通过网络直播销售农副产品等形式带动农民收益增长，进一步巩固脱贫工作成果，完成产业升级。现在，公司团队邀请同学们一起参与App的开发工作。

企业要求

（1）针对助农电商App功能需求，进行信息架构图设计。

（2）设计助农电商App核心功能的流程，并绘制流程图。

（3）根据信息架构图和流程图，绘制助农电商App交互原型图。

工作任务

1. 任务要求

（1）根据企业给出的助农电商App产品功能，设计产品的信息架构图，要求信息架构图组织合理，逻辑关系明确。

（2）针对助农电商App的核心功能，梳理用户的操作体验流程，绘制任务流程图。流程图要流畅连贯，符合用户操作习惯，保证用户顺利、便捷地完成任务。

（3）绘制助农电商App的交互原型图。首先通过纸面原型推敲界面布局，接着利用Axure软件绘制计算机原型，最后添加交互说明，并利用Axure实现部分交互效果。要求原型图布局合理，组件使用得当。

2. 任务形式

设计信息架构图、绘制流程图、绘制交互原型图。

3. 建议学时

任务1交互设计基础：4学时；任务2交互原型图绘制：8学时。

工作标准

1. 界面设计“1+X”职业技能等级标准

（1）任务1中信息架构图设计对接“能使用思维导图工具构建产品功能框架”的要求，对卡片分类法的介绍对接“了解并掌握卡片分类法，能使用该方法从用户的角度验证和检测”的要求。

（2）任务2中交互原型设计基础知识对接“能主导确定产品的信息架构和交互框架”的要求，使用Axure绘制交互原型图对接“能熟练运用交互布局线框图输出交互设计稿，并能在明确表达处添加内容大纲、信息结构、用户交互行为描述”的要求和“能掌握Axure基础操作，并使用Axure设计原型基础界面”的要求。

2. 大学生创新创业大赛标准

工作任务立足于乡村振兴战略的大背景，以助农电商为主题，引导学生设计出交互更优、用户体验更流畅的助农电商App，通过网络直播销售农副产品等形式，带动农民收益增长，进而助力乡村振兴发展。选题根植于乡村振兴大背景，服务农业农村现代化，充分对接创新创业大赛“在服务乡村振兴、农业农村现代化、城乡社区发展等方面有较好的创意、产品或服务模式，追求经济效益和社会效益的平衡”“弘扬正确的价值观，厚植家国情怀，恪守伦理规范，有助于培育创新创业精神”的要求。

任务1 交互设计基础

知识导入

好的交互设计就像一个优秀的导视系统。当人们走在商场中，通过导视地图就可以知道该商场共有几层，每层中有哪些店铺，这些店铺是如何分布的，去一个店面应该沿着什么样的路线，当然，这个路线最好还不能太绕或者太远。App的设计也是一样，需要梳理出合理的信息架构图，让用户能够快速了解产品有哪些功能，以及各功能的分布位置，同时还需要通过设计流程图，帮助用户规划出实现功能的流畅路径，引导用户按照设计好的操作路径去实现想要的操作，从而让用户使用时感到顺畅、便捷。

学习目标

1. 素质目标

（1）培养团队协作能力。

（2）培养严谨认真、一丝不苟的专业素质。

2. 知识目标

（1）理解交互设计概念和交互设计原则的内涵。

（2）掌握信息架构图的概念、分类和设计方法。

（3）掌握流程图的概念、分类和设计方法。

3. 能力目标

（1）能够根据产品的功能列表，利用卡片分类法，得出产品的信息架构图，并利用相关工具将其绘制出来。

（2）能够针对重点功能，梳理业务流程，并利用相关工具绘制流程图。

知识准备

1. 交互设计相关概念

（1）交互设计概念。交互设计（Interaction Design，IXD）一词最早在20世纪80年代中期，由两位工业设计师比尔·莫格里奇（Bill Moggridge）和比尔·韦普朗克（Bill Verplank）提出。从字面上来看，交互的意思就是相互作用、相互影响。在《About Face 4：交互设计精髓》中，交互设计被定义为交互式数字产品、环境、系统和服务的设计，聚焦于如何设计行为。所以交互设计也可以理解为针对行为的设计，对于UI设计而言，就是关注产品如何来定义产品和用户之间信息交换的行为方式。

对于UI设计来说，交互设计蕴含着宏观和微观两个层面的内涵。在宏观层面，交互设计主要指的是对产品的逻辑架构和用户操作流程进行设计，让用户能够使用界面顺利完成目标任务，对应着用户体验五要素中的结构层，产出的成果主要是信息架构图和流程图；而在微观层面，主要指的是对产品的界面布局进行合理的规划和引导，保证用户能更好地理解、使用产品，并获得愉悦的使用体验，对应着用户体验五要素中的框架层，产出的成果主要是交互原型图。

（2）交互设计原则。交互设计的本质是对用户行为进行设计，它应该遵循哪些原则，以让用户的行为更加顺畅，让用户的体验更佳呢？很多设计师和学者都提出了自己的观点，其中应用最广泛的就是尼尔森十大交互原则，由人机交互学博士雅各布·尼尔森（Jakob Nielsen）于1995年提出，主要包括以下十点。

交互设计原则

①状态可见：设计师应该让用户时刻清楚当前自己处于何种状态，对过去发生、当前目标及对未来去向有所了解，一般的方法是在合适的时间给用户适当的反馈，让用户对当前情况知晓。例如当页面加载时，通过加载动画的设计，告知用户界面不是没有反应，而是正在加载，如图3-1所示，以减轻用户等待的焦虑；在支付结束后，界面会提示支付成功的字样，如图3-2所示，为用户明确支付状态，让用户安心。

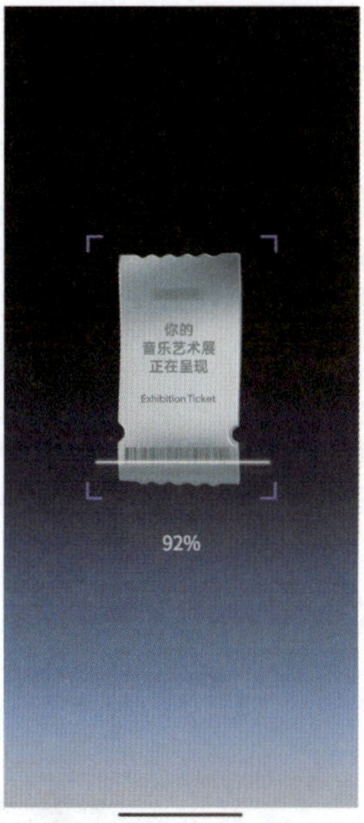

图3-1　页面加载动画

图3-2　支付成功页面

②环境贴切：环境贴切原则指的是设计师需要使用用户熟悉的语言和概念，让界面或者操作符合用户的使用场

景，符合用户的已有认知。当然这里的语言不仅包括文案层面的语言，还包括产品的设计语言（图形、配色和风格）。例如计算器App的界面直接模拟了现实世界中的计算器产品外观，如图3-3所示；网易云音乐App的音乐播放界面则直接模拟了现实世界中的黑胶CD机，如图3-4所示。

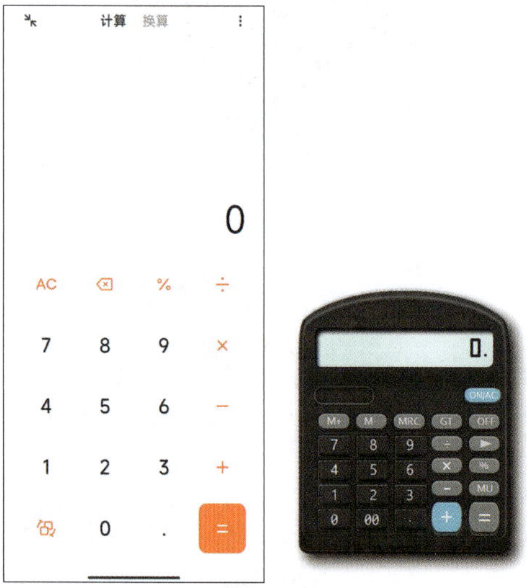

图3-3　计算器App与计算器

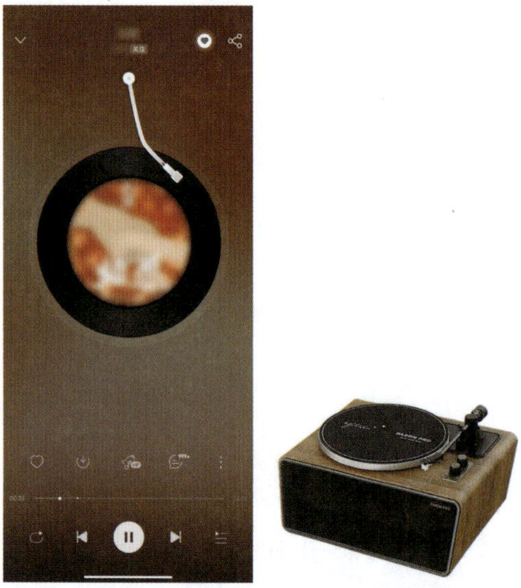

图3-4　网易云音乐App播放界面与黑胶CD机

③操作可控：设计师要确保用户的操作是可以控制的，例如音乐播放器、视频播放器的进度控制。另外，还要为用户的误操作提供二次确认或者撤销的机会，确保结果是可控可逆的。例如微信聊天中的撤回功能，控制错误消息能被及时撤回，以避免不必要的麻烦，如图3-5所示；相册中的回收站功能，支持被删除的照片还原，则是控制误删除的内容能够及时恢复，如图3-6所示。

图3-5　微信的撤回功能

图3-6　相册的回收站功能

④一致性：如果每个界面的样式、操作等都各不相同，那么用户每使用一个新界面都要重新学习，这就大大增加了用户的认知负担，注定会降低用户体验。一致性原则指的就是界面在色彩、文字、操作等方面要尽可能保持一致，以降低用户的学习成本。例如学习强国App中，各页面的色彩、字体都保持高度一致，如图

3-7所示，红色主色和宋体的搭配使得页面呈现正气凛然的视觉风格。而通过左上角的返回按钮执行返回上一级的操作已经成为用户习惯的交互形式，如图3-8所示，这是操作一致性的体现。

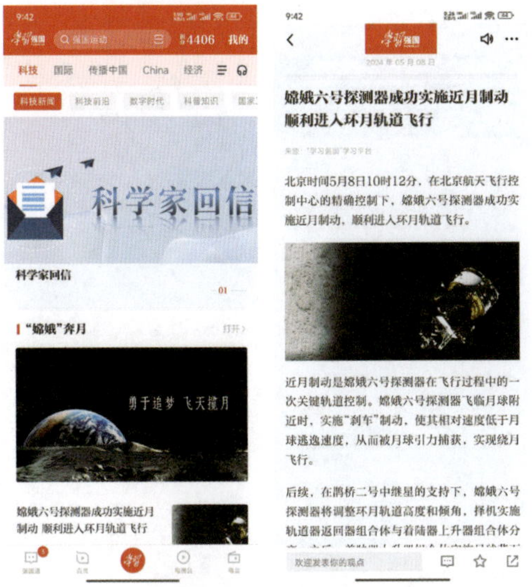

图3-7 学习强国App中的色彩、字体一致性

图3-8 各App中返回操作一致性

⑤防错性：比起错误发生后给用户进行提示，更好的选择是通过设计从根源上防止错误的发生，这就是防错性。例如App登录页面上，用户正确输入信息之前，登录按钮是置灰的状态，如图3-9所示，只有正确输入信息之后按钮才可用。在删除内容时，界面一般会弹出二次确认的提示弹窗，强制用户再次确认是否删除，如图3-10所示，以避免误操作带来损失。

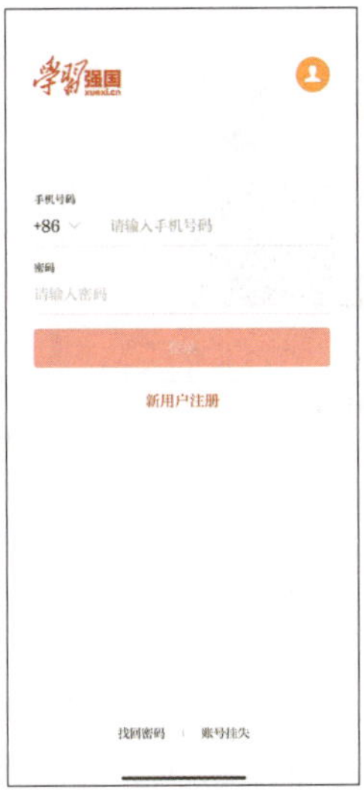

图3-9 某App登录界面

图3-10 删除内容时的二次确认弹窗

⑥帮助记忆：帮助记忆原则是指设计师应该在需要的时候给予用户想要的信息，尽量减少用户的记忆负荷。例如在用视频类App观看视频时，App会在历史记录中记录最近播放的视频，并且播放时直接自动获取并同步上一次观看的进度进行续播，如图3-11所示，产品变得更智能化，用户体验自然也更好。再如，在操作可控原则中提到了微信消息撤回功能，同时微信还支持将撤回的消息重新编辑，用户只需要在原消息的基础上对错误进行修改，无须再从头开始编辑，如图3-12所示，这也是帮助记忆的体现。

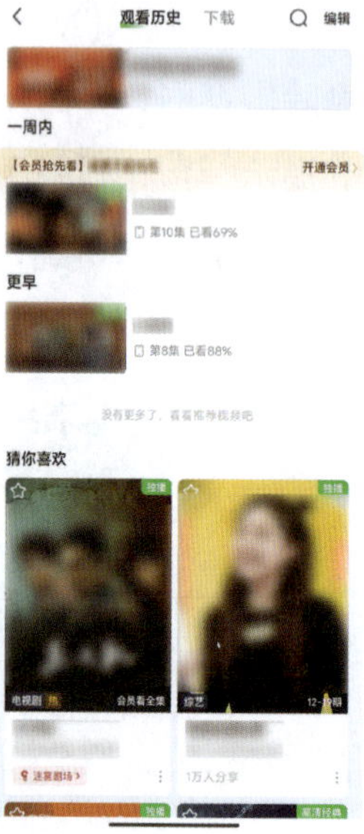

图3-11　视频类App的观看历史

图3-12　微信撤回消息重新编辑功能

⑦灵活高效：灵活高效原则指的是设计师要对用户路径进行精准规划和引导，尽量减少操作路径和页面跳转，以提升用户操作的效率。例如，支付宝App首页放置了常用功能的快捷入口，如图3-13所示；相册支持批量选择图片。除此之外，一些产品还会预判用户可能的想法和操作，例如小红书App搜索框会默认填充系统推测出的用户可能想要搜索的关键词，如图3-14所示；外卖App的订单界面会设置“再来一单”的功能等，如图3-15所示。

图3-13　支付宝App首页的快捷入口

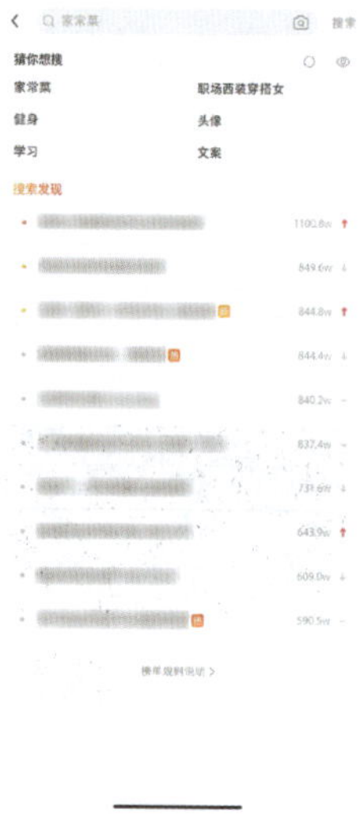

图3-14　小红书App搜索框的默认关键词和“猜你想搜”

图3-15　外卖App的“再来一单”功能

⑧美观简约：这里强调的主要是简约性，即UI设计尽量只保留最主要的信息，减少无意义内容的干扰。同时，要合理规划信息层级，形成主次分明的视觉层次感。例如小米运动健康App中，使用了极简的卡片式设计，如图3-16所示，标题作为重点信息，字号字重足够醒目，页面中几乎没有多余的背景、装饰元素，尽量降低页面的信息干扰。

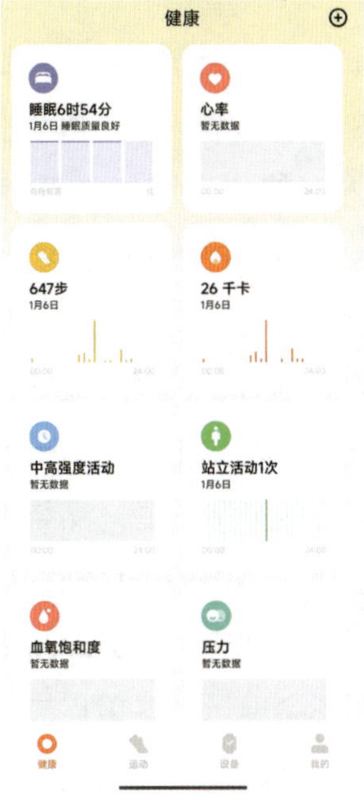

图3-16　小米运动健康App界面

⑨容错性：错误信息应该使用简洁的文字指出错误是什么，并给出解决建议。例如菜鸟裹裹App中，用户添加快递单号信息时，由于单号数字位数较多，往往容易输错。这时App及时提出问题所在，帮助用户识别出错误，并提出可行的建议，再帮助用户回到正确的道路上，如图3-17所示。

图3-17　菜鸟裹裹App快递单号错误提示

⑩帮助文档：帮助文档原则指的是在用户可能需要的时候，产品应提供必要的帮助说明。例如用户使用某个新产品或者新功能时，往往需要新手引导。界面需要通过逐步提示说明，帮助用户了解产品的操作，如图3-18所示的支付宝App新手引导。

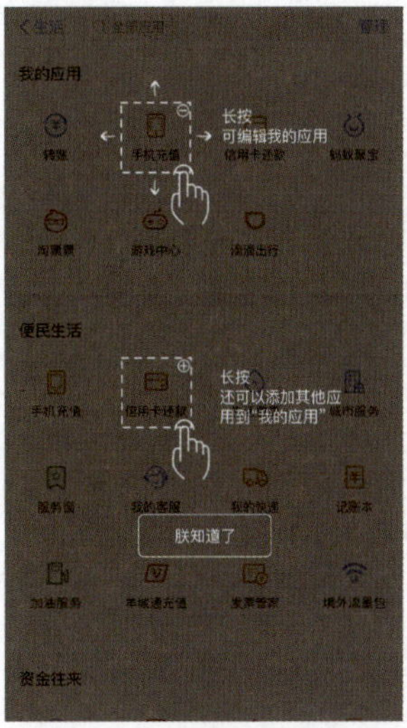

图3-18　支付宝App新手引导

2. 信息架构图设计

（1）什么是信息架构图。App的设计要让用户能轻松找到所需信息，页面内容元素要有逻辑上的结构和层级关系，这个逻辑结构和层级关系的可视化表达就是信息架构图。信息架构图展示App完整的信息结构，帮助用户建立对该产品相关功能模块及信息层级划分的全貌，同时也在一定程度上帮助设计师区分重点信息与非重点信息。用户界面内的信息元素之间具有组合、层级、引导关系，让界面信息元素呈现出层层递进、逐步深入的状态。

信息架构图与流程图

一般最常用的信息架构图是树形结构，如图3-19所示。树形结构又称为层级结构，节点之间的关系为层级关系，也就是父级和子级的关系。在树形结构的信息架构图中，越低层的节点代表着越狭义、越具体的概念，从属于代表更广义概念的高层节点。

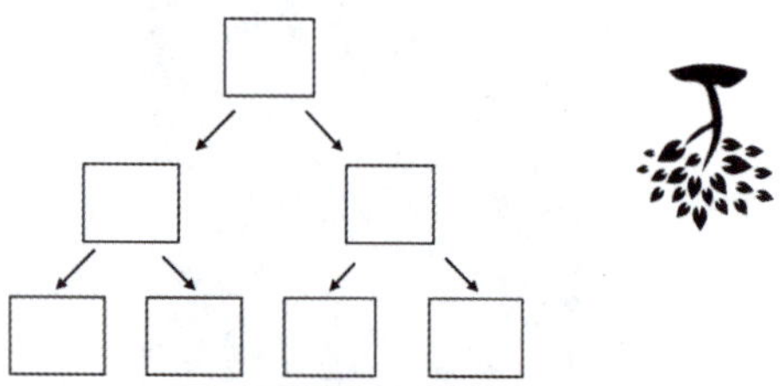

图3-19　**树形结构**

（2）信息架构图的分类。广义上来说，信息架构图根据侧重点的区别，可以细分为3种不同的类型，下面以一个播客App为例进行说明。

①第一种类型是功能结构图，侧重于描述App都应该具备哪些功能，是为了梳理需求，防止出现缺页面、缺模块的现象，以鸟瞰的方式对整个产品的页面结构形成一个直观的认识。例如播客App要具备推荐、搜索、查看、订阅、播放等基本功能模块，如图3-20所示。

②第二种类型是信息结构图，这种类型注重信息的展示，描述的是App都要向用户展示哪些信息，帮助设计师梳理复杂内容的信息组成，避免信息遗落、混乱。例如播客App主要就是要向用户展示4种信息：每日的推荐信息、每个播客的具体信息、播客的评论信息、用户的个人信息，如图3-21所示。

③第三种类型则是产品结构图，其是综合了功能结构和信息结构后的综合性产物，它直观展示产品的基本逻辑结构，甚至还会展示一些重点二级页面的具体内容，并添加页面的跳转逻辑。简单来说，产品结构图就是产品原型的简化表达。图3-22所示为播客App的产品结构图，将产品结构确定为“推荐”“播放”“订阅”和“我的”四大模块，同时还将两个核心的二级页面——播客具体信息页和节目具体信息页进行了展示，添加了页面之间的跳转逻辑。

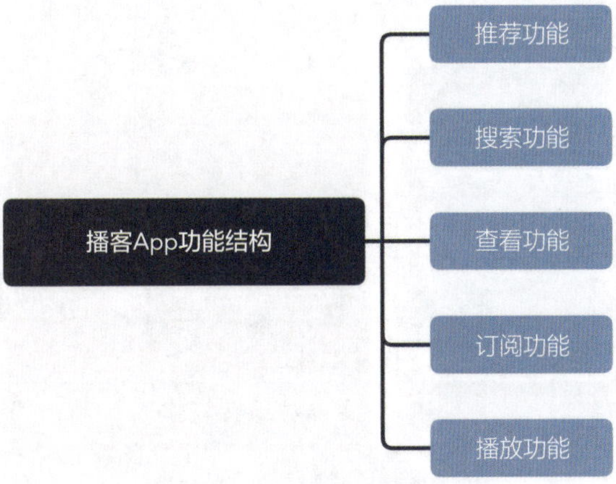

图3-20 **播客App功能结构图**

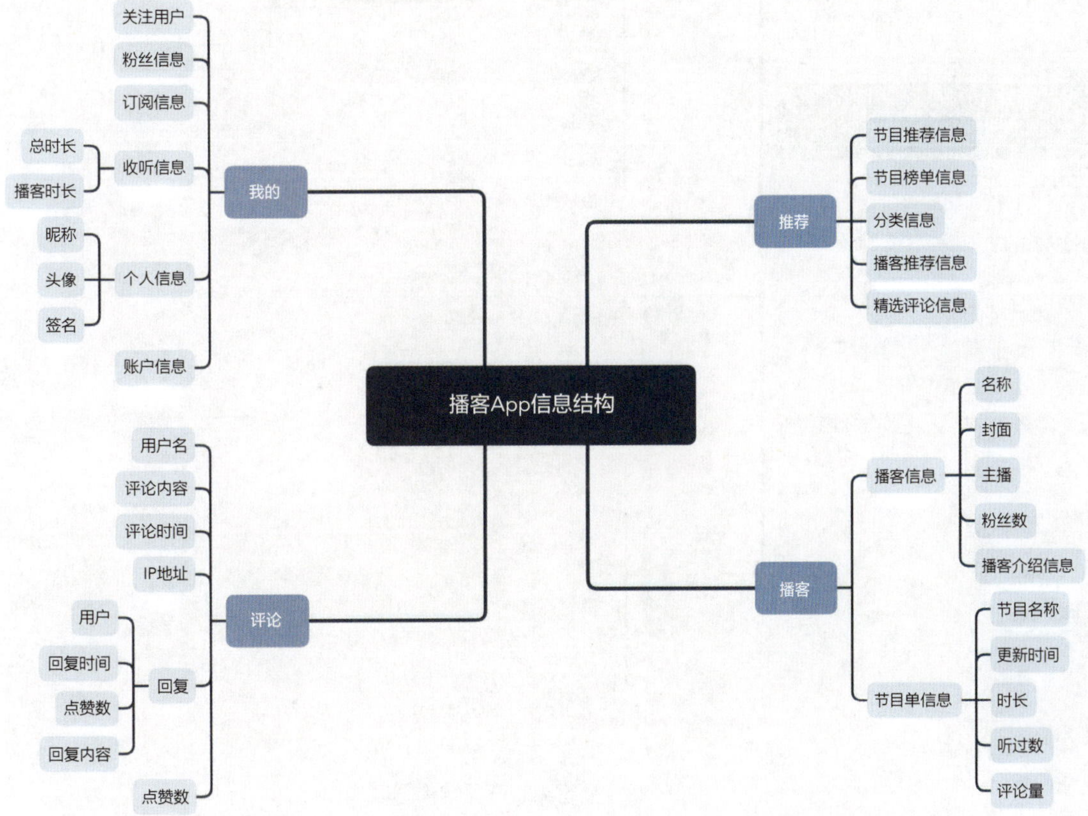

图3-21 **播客App信息结构图**

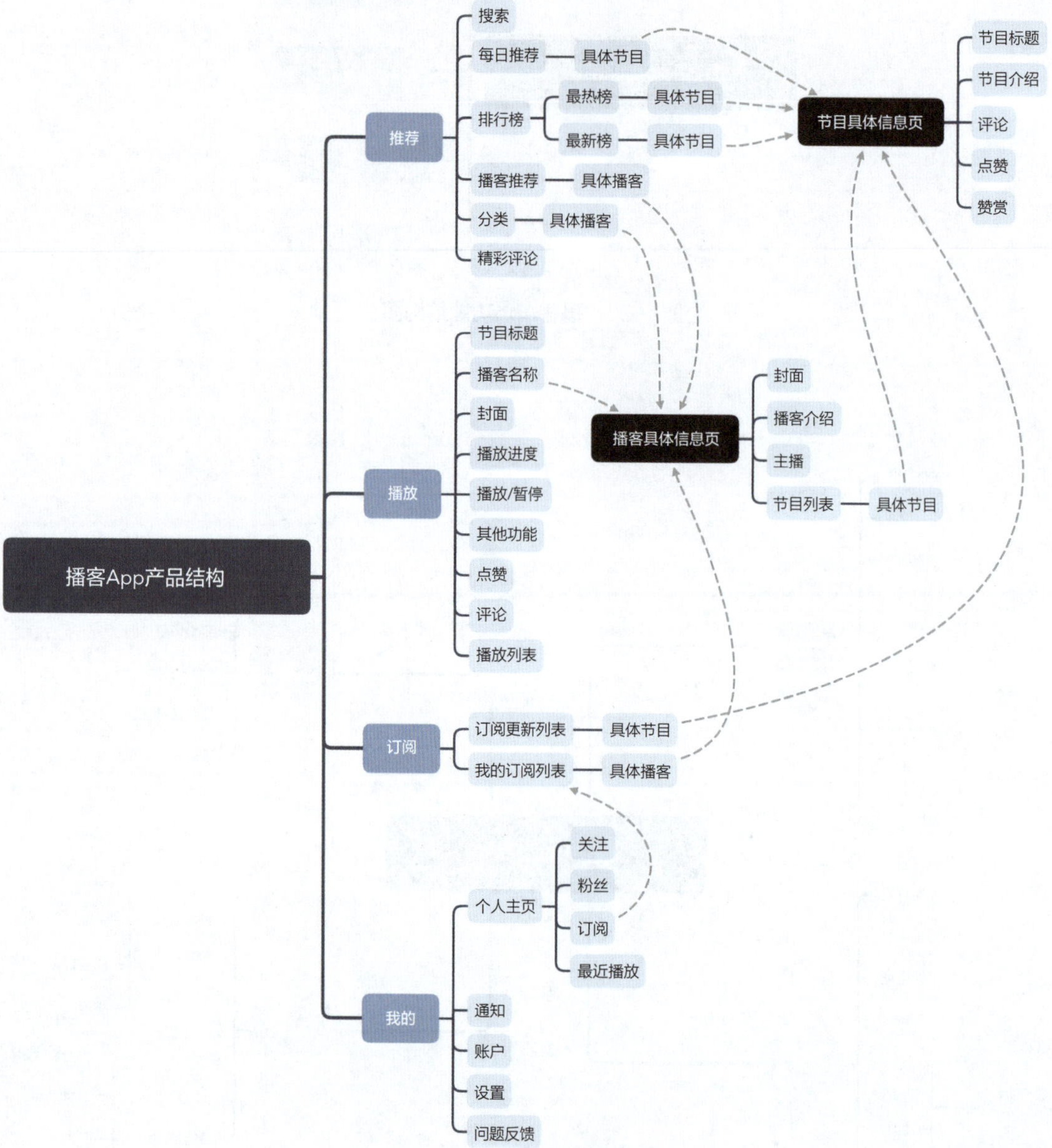

图3-22 **播客App产品结构图**

当我们不做这些具体区分，直接提起信息架构图时，一般指的就是产品结构图，这就是狭义的信息架构图的概念。图3-23所示为微信App的信息架构图，第一层级对应着App的“微信”“通讯录”“发现”和“我”四个标签。第一层级的下一级是第二层级，主要是一些细分功能，例如“发现”模块下有“朋友圈”“扫一扫”等功能点，如图3-24所示。

图3-24　微信App“发现”页面

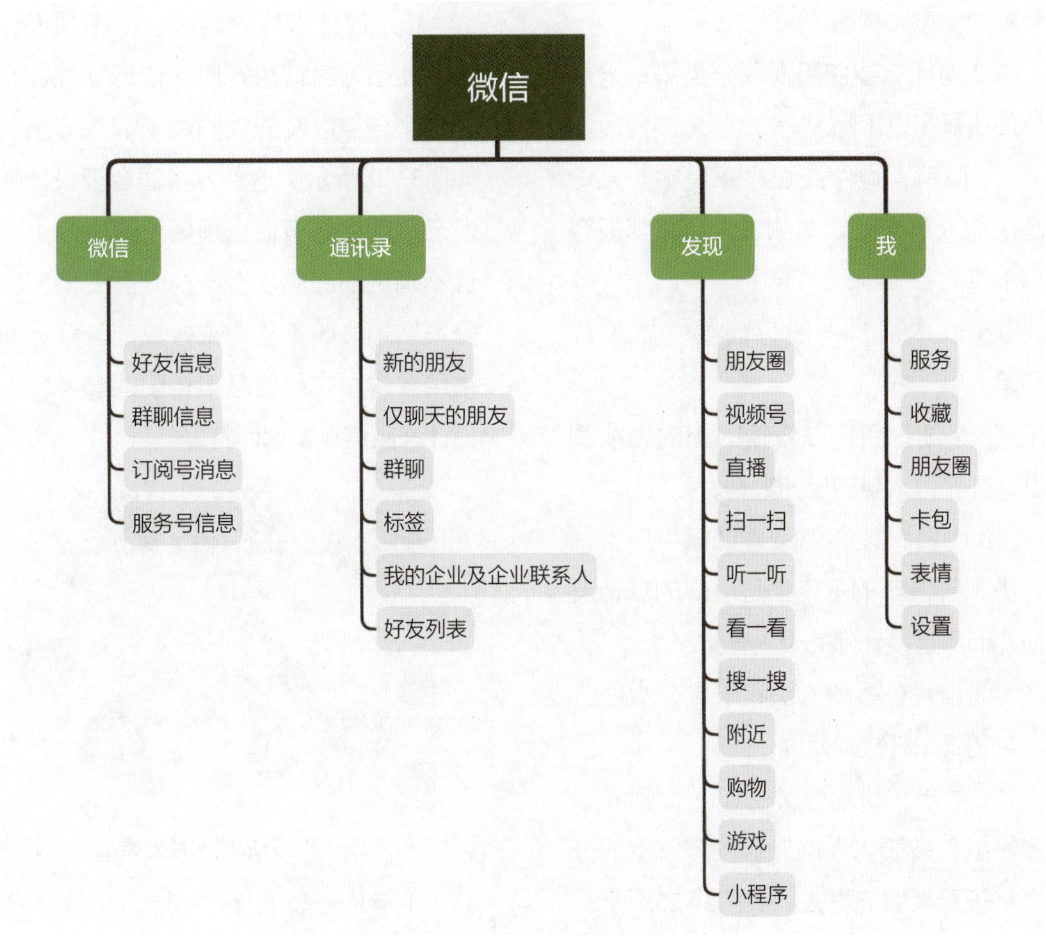

图3-23　微信App信息架构图

（3）设计信息架构图的常用方法——卡片分类法。

①什么是卡片分类法：卡片分类法（Card Sorting）一般可用于网站或应用的信息架构图的梳理，也可以用于文档、电子书籍的结构整理或文件的分类管理。它适用于子集信息元素庞大，而设计者又无法确定每个子集信息元素明确归属于哪一类，以及具体的分类是什么也不能确定的情景。它主要是能够厘清信息元素相互之间的逻辑关系，对碎片化的元素进行归类，形成一个完整且清晰的信息架构图。

②为什么要使用卡片分类法：卡片分类法具有以下优点。

a.简单：操作流程易懂易学。无论是组织人员还是参与测试人员，都很容易上手。

b.成本低：一般只需要一些卡片和笔。

c.快速：可以在较短时间内完成测试，并获得大量的反馈数据。

d.可靠：核心思路是目标用户参与分类，所得到的意见都是用户的真实反馈，而不是设计师的个人直觉想法。

③卡片分类的方法：卡片分类法分为封闭式和开放式两种。

a.封闭式卡片分类法：是指预先设置好组，被调研人群只需按照既定的分组将子元素填充进去，如图3-25所示。这种方法适合于产品已经预先确定了大的信息架构图的情况，或者发起人明确知道信息项应该属于哪些分组的情况，分类结果可以帮助设计师验证自己前期确定的信息架构图的合理性。

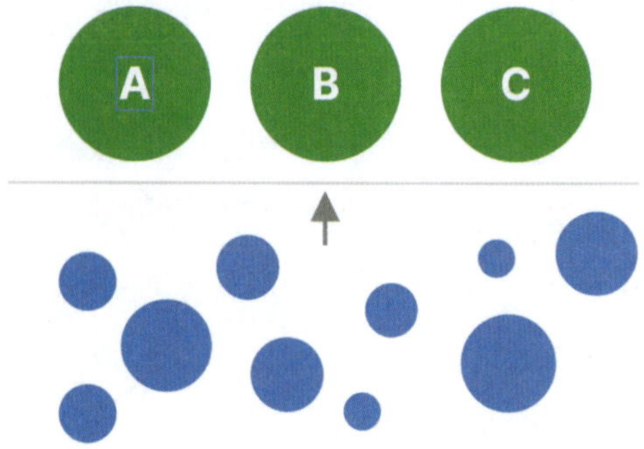

图3-25　**封闭式卡片分类法**

b.开放式卡片分类法：即不预设分组，让用户自行决定所有信息项应该有哪几个分组以及分别归属于哪些分组，如图3-26所示。这种方法适合于设计师自己不确定所有信息项属于哪些分类，且不确定到底应该有多少分类的情况，分类结果一般不是用来做设计验证，而是用来作为产品信息架构图的参考，为设计产品信息架构图打好基础。

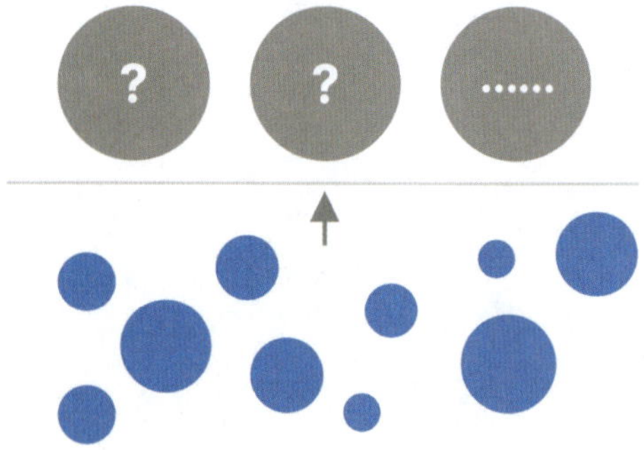

图3-26　**开放式卡片分类法**

④卡片分类的程序：卡片分类的程序包括以下步骤。

第一步：卡片准备。对前期获取的用户需求进行整理，保障需求与需求之间处于同一层级，避免出现包含关系，使用便于用户理解的语言描述。使用相同颜色、规格的便利贴，将全部需求分别写到便利贴上，作为卡片样本，如图3-27所示。需要注意的是，卡片数量在十几张到几十张比较适合，因为被调研者在这个卡片数量范围内比较容易集中注意力和发挥逻辑思维能力。

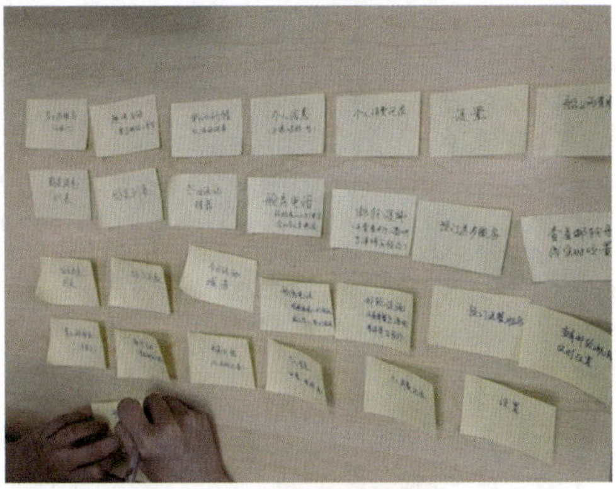

图3-27　**卡片准备**

第二步：招募用户。前面提到的专家尼尔森提出，大多数可用性研究中，15人左右便可以使实验结果与最终结果达到90%的相关性。因此，一般可以邀请15名左右的目标用户进行卡片分类。

第三步：卡片分类。这一步是让用户对卡片按照自己的理解进行分类，如图3-28所示。需要注意的是，在分发卡片前，要给予用户足够多的背景信息，将用户带入产品的具体情景当中。鼓励用户先阅读卡片，对存在疑问的卡片内容进行讲解说明。在正式的卡片分类过程中，鼓励用户采用出声思维法，积极观察被调研对象的分类行为并进行记录，在解释一些卡片内容时，不可用自己的想法干扰用户的分类行为。

图3-28　**卡片分类**

第四步：分组命名。卡片分类是一个不断调整的动态过程，需要迭代几次后得出最终的需求分类结果。当卡片分类初步完成时，告知用户为每一个分类命名以代表该分类。可以发现分组名称代表了该组需求的功能属性。

第五步：调整分类。根据上一步的分类命名，用户对之前的分类结果进行逐步调整直至完成。设计师分析所有用户的分类情况，需要的话还可以询问用户一些问题，例如阐释一下这么分类的理由，对哪些特定卡片的分类感到犹豫等。最后，设计团队综合用户的分类结果，得出最优的信息架构图。

3. 流程图设计

（1）什么是流程图。产品的信息结构梳理完成之后，那该怎么样让不同的功能点发挥作用，为用户服务呢？这个时候就需要进行流程的设计了，用户流程设计就是结合用户需求、场景及技术限制，按照一定的次序将操作或者信息串联起来的过程，用来表示这一过程的图称为流程图。流程图在汇编语言领域最早得到应用，它是一类代表算法、工作流或过程的图表，通过一些用箭头连接的各类图形来展示其中的步骤。这类图形表示方法常用来阐述一个给定问题的解决模型，如图3-29所示的“电灯不工作”流程图。

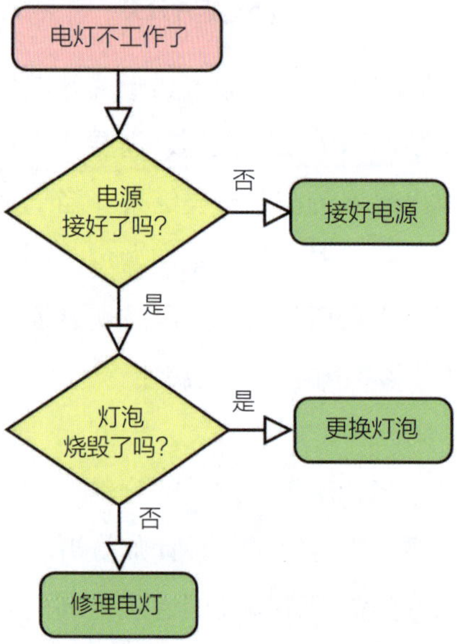

图3-29 **“电灯不工作”流程图**

（2）流程图的分类。

①任务流程图：任务流程图重点描述特定任务下用户的具体操作流程，能够清晰展示用户的具体操作环节和顺序。任务流程图可以帮助设计师梳理用户的操作是否流畅，能否顺利完成任务。图3-30所示为滴滴出行App下单功能的任务流程图，从打开滴滴出行到确认开始叫车，每一个环节描述的都是下单过程中用户的具体操作。

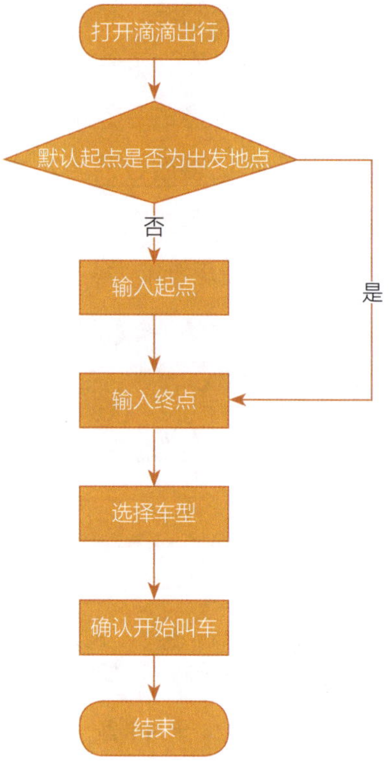

图3-30 **滴滴出行App下单功能任务流程图**

②页面流程图：页面流程图重点描述特定任务下界面的具体显示和跳转信息，能够清晰展示界面的逻辑关系。页面流程图可以帮助设计师明确页面的具体数量，并据此推算工作量，做好工作规划。图3-31所示为滴滴出行App下单功能的页面流程图，每一个矩形都代表着App中的一个页面，通过梳理，需要设计哪些页面，页面之间的跳转关系是怎样的便一目了然。

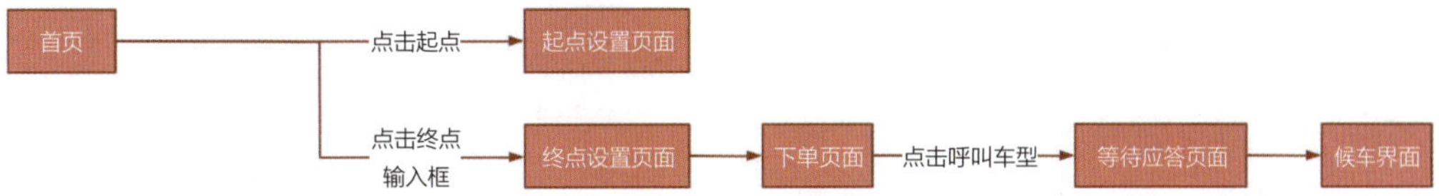

图3-31　滴滴出行App下单功能页面流程图

③业务流程图：业务流程图则是不同角色在同一功能业务下的流程体现，通常包含前端页面、后台系统以及用户等角色，侧重于同时描述多个角色在同一业务下的工作流程以及彼此之间的联系，是任务流程图和页面流程图的升级版。图3-32所示为滴滴出行App中下单这一功能的业务流程图，展示了用户下单的整个过程中，用户、后台系统和App页面这三种角色的流程。

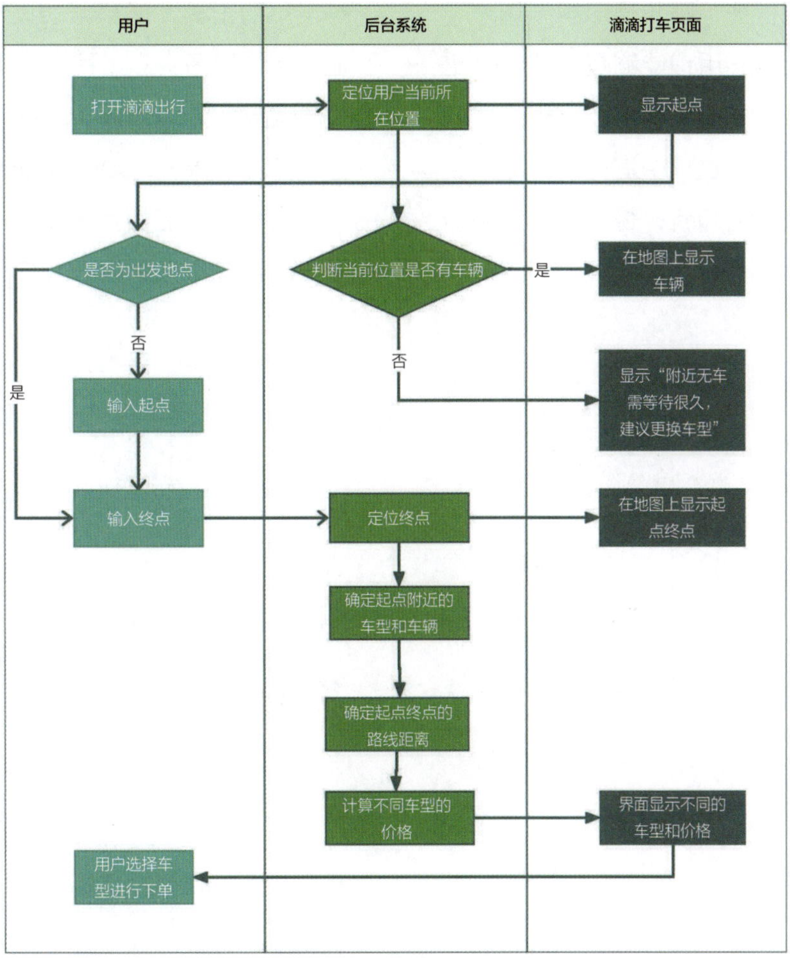

图3-32　滴滴出行App下单功能业务流程图

（3）如何绘制流程图。为便于识别，绘制流程图有几个常用结构，如图3-33所示。圆角矩形表示流程的“开始”与“结束”，常用在一个完整流程图的起点和终点。矩形表示一个具体的操作页面或操作步骤。菱形表示条件判定的环节，例如“密码是否正确”问题。一般来说，菱形必须要有“是和否（或Y和N）”两种处理结果，即菱形判断框一定要有两条箭头流出。箭头代表工作流的方向。图3-34所示为某App的注册登录流程图，圆角矩形里“用户”是流程的起点，用户能够登录成功并进入“主页”则是流程的终点；矩形代表的是用户在整个过程中进行的操作；菱形是系统进行的判断；整个过程都由流程箭头进行连接。

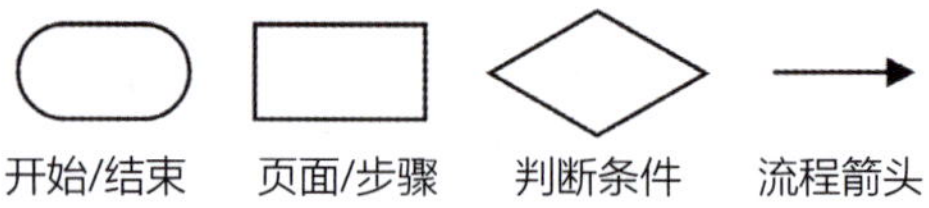

图3-33 **流程图常用结构**

另外，绘制流程图还有一些注意事项。例如，绘制流程图时为了提高流程图的逻辑性，应遵循从左到右、从上到下的顺序排列；同一流程图内，符号大小需要保持一致，同时连接线不能无故弯曲。

（4）流程图绘制工具。市面上有一些常用的工具，能够帮助设计师更高效地绘制流程图，应用程序类工具有Visio（微软出品）、OmniGraffle、Axure等；在线工具有ProcessOn、Cacoo等。这些工具的基本功能相差不多，可以自行选择适合自己的工具。

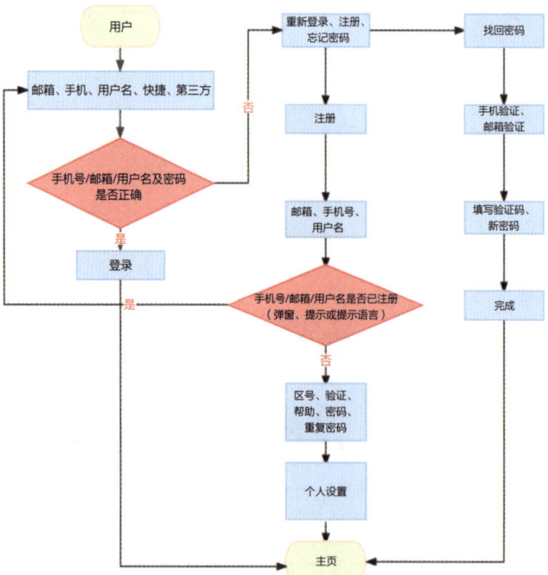

图3-34 **某App注册登录流程图**

工作任务　助农电商App信息架构图与流程图设计

学生工作手册

工作情景描述

校企合作设计公司的产品团队已经做完了前期的设计调研与需求分析工作，得出了助农电商App的功能列表。现在，公司邀请同学们帮助敲定App的信息架构图，并针对其中的核心功能绘制流程图，为后续的交互原型图绘制做好准备。

活动思考

问题1：信息架构图有哪几种类型？分别侧重于什么信息？

问题2：要得出这款助农电商App的信息架构图，需要使用卡片分类法。那么卡片分类法有哪两种类型？两种类型分别适用于什么情况？使用卡片分类法的步骤是怎样的？

问题3：流程图的常用结构有哪些图形？分别代表什么？

思想提升

“九层之台，起于累土。”信息架构图和流程图对于一个App来说，如同地基梁柱之于建筑，骨骼之于动物。你怎么理解信息架构图和流程图在UI设计中的重要意义？

工作任务实施

活动步骤	活动要求	活动安排	活动记录
步骤1：获得信息架构图	以小组为单位，针对企业给出的用户需求，使用卡片分类法，得出助农电商App的信息架构图	具体活动1：卡片准备。将企业所给的功能制作成卡片	
		具体活动2：招募用户。每组寻找15位使用过助农电商App或者对其感兴趣的用户，参与卡片分类（线上或线下完成均可）	
		具体活动3：卡片分类。组织用户对卡片进行分类，提醒用户分成3～5类	
		具体活动4：分组命名。引导用户为各个分类进行命名	
		具体活动5：调整分类。综合用户的分类结果，得出最优的信息架构图	
		具体活动6：绘制出图。利用百度脑图，将产品的信息架构图绘制出来	
步骤2：梳理重点功能流程图	每个小组成员选择一个重点功能，梳理实现这个功能的业务流程图	具体活动1：小组分工，每位成员选择一个助农电商App中的重点功能	
		具体活动2：针对自己选择的功能，利用ProcessOn绘制其业务流程图	

评价与总结

一级指标	二级指标	评价内容	分值	自评	互评	教师	企业专家
学习过程（50分）	自律能力	能够在规定时间内在线签到	2				
	学习能力	能够掌握交互设计的概念和原则的内涵	10				
		能够掌握信息架构图的含义、分类和设计方法	10				
		能够掌握流程图的含义、分类和设计方法	10				
	思维能力	具备独立思考的能力，能够在调整卡片分类结果的时候，通过自己的感知、分析，提出自己的想法	5				
	小组协作能力	能够和小组成员协作完成卡片分类法的流程	3				
		能够在小组讨论中与他人交流自己的想法，输出有价值的观点	2				
	表达能力	在卡片分类的过程中，能正确引导被测用户并与其友好沟通，兼具专业性和亲和力	5				
	学习参与度	能够积极参与教师发布的抢答、讨论等课堂活动	3				
作品得分（50分）	职业岗位能力	信息架构图设计逻辑合理，分类恰当	20				
		业务流程图流程完整，无明显的环节遗漏等错误	15				
		企业满意度	15				
总结							

老师提示

信息架构图是一个产品的骨架，对应用户体验五要素的结构层；流程图则是在信息架构图的基础上，描述了某功能具体的操作流程，是为下一步绘制具体的交互原型图也就是用户体验五要素的框架层做准备。

任务2 交互原型图绘制

知识导入

通过任务1，我们已经把App的信息架构和用户流程梳理清楚了，作为设计师，对这个App的大概逻辑和功能点都已经了然于胸。然而，对于用户来说，只有看到具体的页面才能够使用App。因此，下一步就要进入具象页面的绘制阶段，了解如何把抽象的功能点转换成具象的页面。

学习目标

1. 素质目标

（1）培养严谨认真、一丝不苟的价值追求。

（2）培养守规矩遵规范的专业素养。

2. 知识目标

（1）掌握App框架、交互手势等交互原型设计的基础知识。

（2）掌握App的导航形式和常用组件。

（3）了解交互原型图的绘制阶段，掌握交互原型图的绘制方法。

3. 能力目标

（1）能够应用App规范的基础框架，正确选择组件、导航形式。

（2）能够按照交互原型图的绘制阶段，规范绘制交互原型图。

（3）能够使用Axure制作简单的可交互原型。

知识准备

1. 交互原型设计基础知识

交互原型设计基础知识

（1）什么是交互原型。交互原型是设计师通过设计目标分析、竞品分析，找到设计思路以后，运用设计原则、交互组件画出的展现设计方案的最终交付物。可以说，交互原型是设计前期工作的浓缩和精华。

一份专业的交互原型，能够清晰地展现方案的各种细节，对于产品设计团队、用户都有着重要的作用。对于产品设计团队来说，原型是一种沟通工具，用于传达设计方案，有利于高效进行内部协作。例如，通过原型，产品经理可以了解设计方案是否满足业务和用户需求；视觉设计师可以了解产品需要设计的页面以及页面之间的跳转关系、页面元素状态等细节；开发人员可以了解产品需要实现的功能或效果，以便梳理开发思路。

（2）App框架布局。要进行交互原型的设计，第一步首先要了解App的一般框架布局。图3-35所示为App的框架布局，其中，栏（Bars）是一个重要元素。一般来说，一个App基本框架布局中常见的栏可以分为3个：状态栏、导航栏、标签栏。除此之外，还有内容区域和Home Indicator两个部分。

图3-35　App框架布局

①状态栏：状态栏（Status Bar）位于屏幕的顶部，如图3-36所示，用于显示系统的当前状态，比如信号、电量、时间、网络、SIM运营商等。同时，当系统处于多进程状态或需要一些进程在后台运行时也会通过状态栏来提示，比如地理位置、录制屏幕、同时在拨打电话等。状态栏总是出现在屏幕顶部，在通话或录音过程中会有对应的提示，如图3-37所示。当进入游戏或全屏观看媒体时，状态栏会自动隐藏。需要注意的是，状态栏始终保持在界面的顶部，不会跟随界面的滚动而滚动。

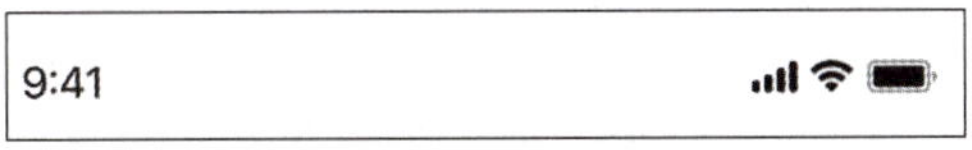

图3-36　iOS系统的状态栏

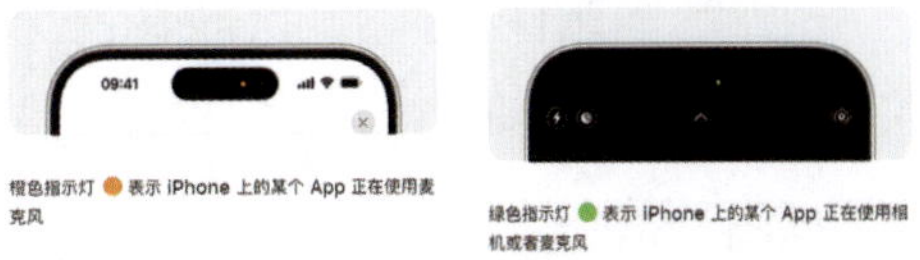

图3-37　状态栏显示App调用麦克风

②导航栏：导航栏（Nav Bar）位于状态栏的下面，如图3-38所示，一般用于展示当前页面的标题，左右放置一些功能图标，例如左侧常放置离开页面的入口，帮助用户知道自己在哪里、怎么离开这里、可以去往哪里。和状态栏类似，导航栏的位置也始终固定，即紧贴状态栏的下方，不会跟随界面的滚动而滚动。

图3-38　导航栏

随着产品需求及用户目标越来越多元化，不同场景下导航栏里包含的元素也越来越广泛，可以包括但不限于标题、图标、按钮、搜索框、头像、分类标签、更多菜单等。常见的导航栏形式有以下几种。

a.常规导航栏：也是最常见的样

式，大部分二级页面及后续界面使用的都是常规导航栏，部分较为简单的主页也会使用这种类型，如图3-39所示，基本只有按钮、标题组成，背景色多为白色或主体色。

图3-39　**常规导航栏**

b.标签导航栏：指的是导航栏上有分段组件，需要明确突出已选中的标签，如图3-40所示。

图3-40　**标签导航栏**

c.大标题导航栏：在iOS 11系统发布之后，大标题被应用在导航栏的设计逐渐流行，如图3-41所示。这种导航栏一般只出现在主页面，体现出简约、大气、通透的视觉风格。因所占空间较大，大标题导航栏并不适合功能繁多的电商类App，而是适合用在新闻资讯、社交、工具型且功能较为单一的App中。

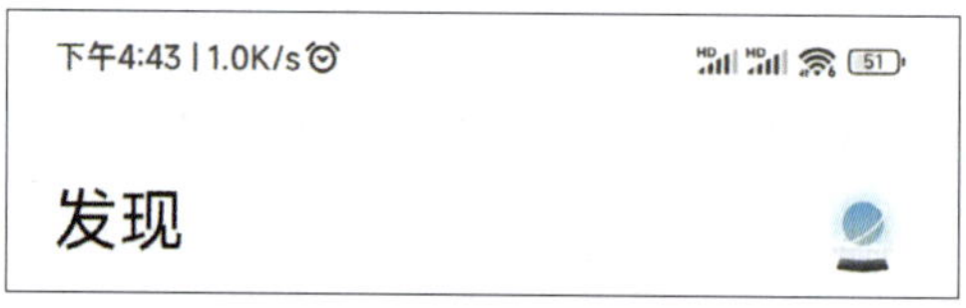

图3-41　**大标题导航栏**

d.搜索框导航栏：即在常规导航栏中添加一个搜索框并替代标题展示，如图3-42所示。若图标较多，可将搜索框放在第二行。

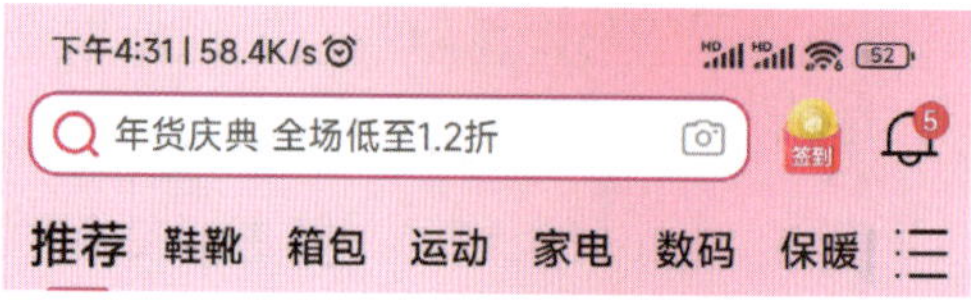

图3-42　**搜索框导航栏**

当然，当产品想要给用户提供更多信息或者沉浸式体验时，需要弱化或者隐藏导航栏来释放更多的页面空间，因此，主页面和二级页面的导航栏可能形式不同，有些页面甚至取消了导航栏，如图3-43所示的微信读书App在阅读界面便隐藏了导航栏，因为用户在阅读时关注点只会在图书内容上，隐藏导航栏既能预留空间，还能减少无关元素对用户的干扰。

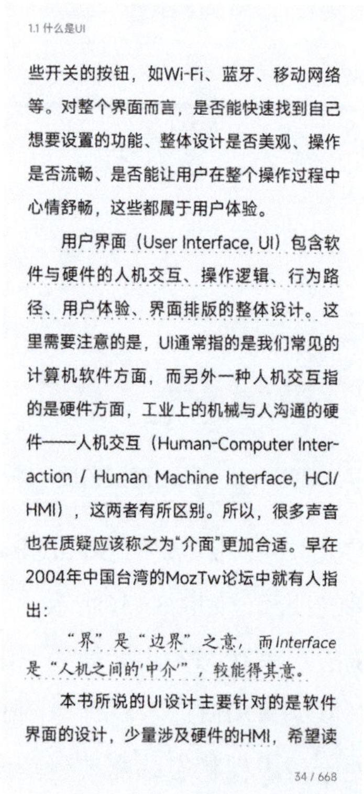
1.1 什么是UI

些开关的按钮，如Wi-Fi、蓝牙、移动网络等。对整个界面而言，是否能快速找到自己想要设置的功能、整体设计是否美观、操作是否流畅、是否能让用户在整个操作过程中心情舒畅，这些都属于用户体验。

用户界面（User Interface, UI）包含软件与硬件的人机交互、操作逻辑、行为路径、用户体验、界面排版的整体设计。这里需要注意的是，UI通常指的是我们常见的计算机软件方面，而另外一种人机交互指的是硬件方面，工业上的机械与人沟通的硬件——人机交互（Human-Computer Interaction / Human Machine Interface, HCI/HMI），这两者有所区别。所以，很多声音也在质疑应该称之为"介面"更加合适。早在2004年中国台湾的MozTw论坛中就有人指出：

"界"是"边界"之意，而Interface是"人机之间的'中介'"，较能得其意。

本书所说的UI设计主要针对的是软件界面的设计，少量涉及硬件的HMI，希望读

34 / 668

图3-43　**微信读书的阅读界面隐藏导航栏**

③内容区域：此区域是用于展示具体信息和功能的区域，内容较多时可以

上下滚动。

④标签栏：标签栏（Tab Bar）通常位于页面的底部，如图3-44所示，为用户提供了前往多个平级信息的快捷入口，用于组织整个产品的信息架构。一般来说，标签数量控制在3～5个为宜。

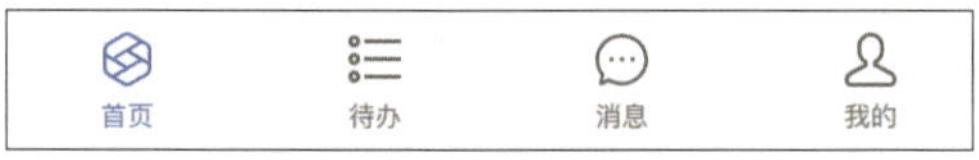

图3-44　**标签栏**

标签栏的样式可以是纯图标、纯文字或文字+图标。纯图标标签栏的优点是使得界面效果简洁美观，如图3-45所示的绿洲App的标签栏，符合绿洲App简洁、清爽的页面风格。但是由于没有文字说明，对图标的表意准确性要求更高，否则如果图标的表意不明，可能会导致用户产生困惑不解等负面情绪。纯文字标签栏的优点在于文字表意精准，缺点是在视觉效果上略显单调，如图3-46所示。文字+图标形式的标签栏，则综合了两种标签栏的优点，在图标的下方用文字进行解释说明，在增强标签视觉效果的基础上保证表意准确，这也是目前最常见的标签形式，如图3-47所示的微信App标签栏。

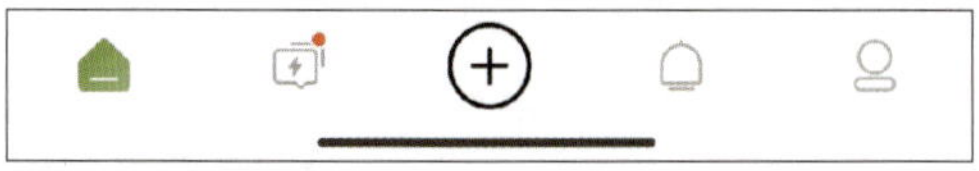

图3-45　**绿洲App纯图标标签栏**

图3-46　**纯文字标签栏**

图3-47　**文字+图标标签栏**

另外，需要注意的是，标签栏设计时需要考虑标签的选中和未选中两种状态，以进行区分。选中状态应该是彩色的，未选中状态应该是无彩色的，以帮助用户明确当前所处的位置，这也是尼尔森十大交互原则中“状态可见”原则的体现。从信息层级上来讲，标签栏中各标签的信息层级平等，通常默认展示的页面会是左边的第一个标签，但也有的App会把默认页面设定成中间的标签（标签个数为奇数的情况下），如图3-48所示的全民K歌App，就把默认页面设定为了中间的“K歌”标签。

图3-48　**全民K歌App标签栏**

⑤Home Indicator：Home Indicator是指屏幕最底部的一个长条形的黑色区域，也称为指示栏。它是全面屏引入之

后代替实体Home按钮功能的一个虚拟按键区域，用于返回主屏幕、打开多任务管理、进入控制中心等功能。需要注意的是，由于Home Indicator和标签栏始终在一起，在设计过程中，Home Indicator和标签栏的背景需要保持一致。

（3）常见交互手势。在界面的交互设计中，多数情况下用户都是通过手指与屏幕来进行交互，每一个操作手势都会对应一个操作命令的结果，常见的交互手势可以分为以下几种，如图3-49所示。

①点击：单击执行选中、跳转等操作。

②双击：不同场景下的功能不同。例如在查看图片时，双击实现图片的缩放并使其居中；在一些短视频App中，双击则代表着点赞。

③双指捏放：向外捏放时，放大内容；向内捏放时，缩小内容。

④长按：一是进行一些隐藏或者快捷操作，例如在微信对话列表中，长按某个对话，会显示“标为未读”“取消置顶”等功能；二是进入编辑状态，例如在某些视图（如集合视图）中操作时，将进入可以重新排列项目的模式。

⑤滑动：帮助用户去查看在同一层级上被隐藏起来的更多内容，例如左右滑动控制图片的切换，上下滑动控制页面的滚动。

⑥拖拽：帮助用户完成更多精细化的操作，例如移动一个元素从一边到另一边（滑动条的操作），或者拖拽一个元素横跨屏幕。

⑦旋转：双指按住屏幕并进行角度旋转，一般用来旋转图片或视图。

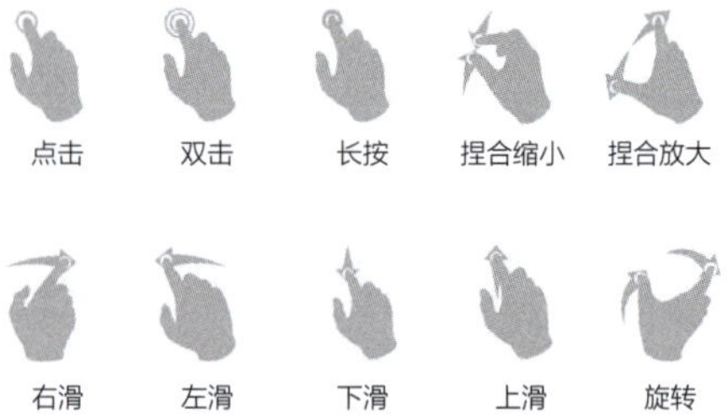

图3-49　**常见的交互手势**

不难发现，界面中的交互手势其实充满了现实世界中交互动作的隐喻，例如左右滑动能够控制界面的切换，模拟的是左右翻书的效果。当然，这里列出的只是部分常见的交互手势，在此基础上，再通过滑动距离、点按时间及力度、触点的多少等更精细化的操作来区分更细分的交互手势，完成更加精准和多样化的命令。另外，随着交互技术的不断发展，手势交互的形式在不断扩充，同个手势在不同产品中也具备了不同的内涵。例如“摇一摇”动作，最先出现在微信中，用户摇一摇手机即可匹配陌生好友，而爱奇艺App在启动页通过“摇一摇”即可进入对应的广告详情和影视剧播放页，创新了传统的“点击”模式。

2. App导航形式

一款App的好与不好，很大部分取决于App界面布局的合理性，优秀的布局结构能

App 导航形式

将App的内容简洁、有效地展现给用户。那么，如何将信息以最优的形式展现出来呢？这就涉及App导航形式的选择。

（1）底部选项卡导航。底部选项卡导航是最常用到的导航样式。底部标签导航，一般采用3～5个标签，最多不会超过5个，如图3-50所示。这些标签彼此之间层级相同，用户可以迅速实现页面之间的切换且不会迷失方向，非常快捷高效。

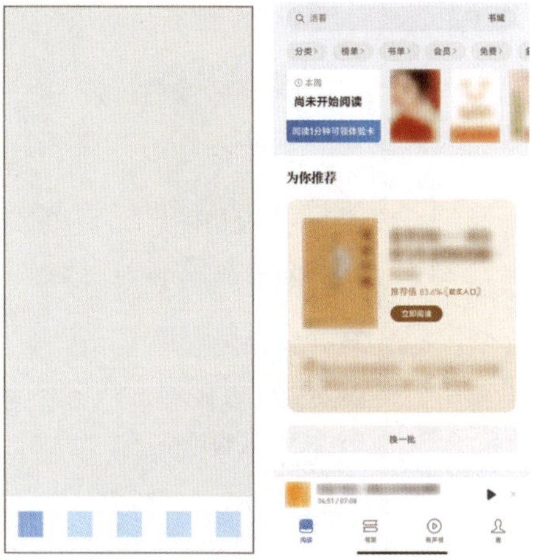

图3-50　底部选项卡导航

一些App还喜欢将核心功能放置在底部选项卡的中间，两侧是其他普通标签，并且中间的标签通常以更加醒目的形式出现，这种导航形式属于底部选项卡导航的一种拓展形式，因为看起来就像轮船上用来指挥的船舵，所以又称为舵式导航。例如知乎App中，把“发布”功能放置在底部选项卡的中间，便于用户发布问题；小米有品App中，则是把品牌当下主推产品信息入口放置在底部选项卡中间，吸引用户注意和点击，如图3-51所示。

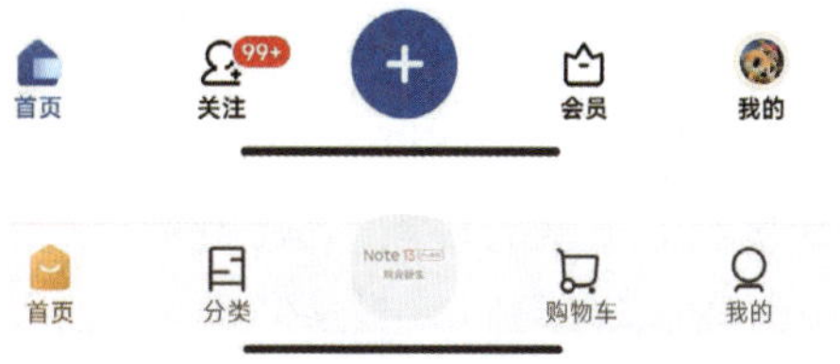

图3-51　App中的舵式导航

（2）顶部选项卡导航。当页面内容分类较多时，一般采用顶部标签导航设计模式，如图3-52所示，选中的标签会被高亮显示。与底部选项卡导航相比，顶部选项卡导航的标签数量比较自由，可以随意根据需求变化。当标签过多时通过采用左右滑动的形式衍生更多标签，可以帮助App承载更多的信息。以腾讯视频App为代表的长视频产品，由于长视频的分类较多，往往涉及电影、电视剧、综艺、动漫等多种细分领域，故经常用顶部选项卡导航进行划分，如图3-53所示。

图3-52　顶部选项卡导航示意图

图3-53　腾讯视频App中的顶部选项卡导航

（3）抽屉导航。抽屉导航在常规状态下只展示一个入口图标（Icon），菜单选项是隐藏的。点击入口图标之后，菜单会展示出来，用完之后，菜单又可以收纳回去，如图3-54所示，因其结构像抽屉一样而得名。

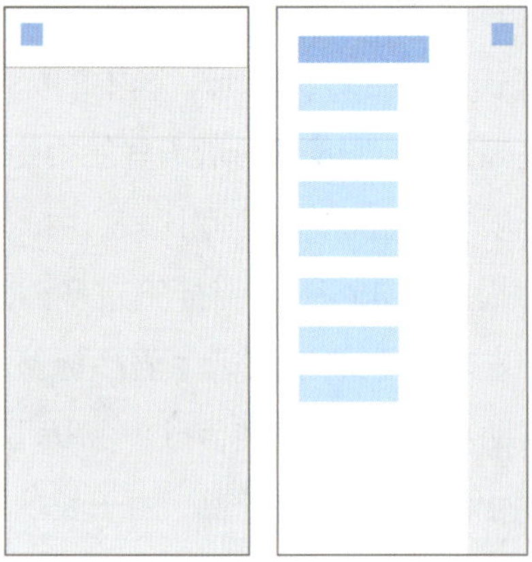

（a）入口示意图　　（b）展开示意图

图3-54　**抽屉导航示意图**

一般抽屉导航用来放置对产品而言不太核心，对用户而言不太常用或者不需要频繁切换的次要功能，例如小红书App对购物车、设置、浏览记录等内容通过抽屉导航进行隐藏，如图3-55所示。

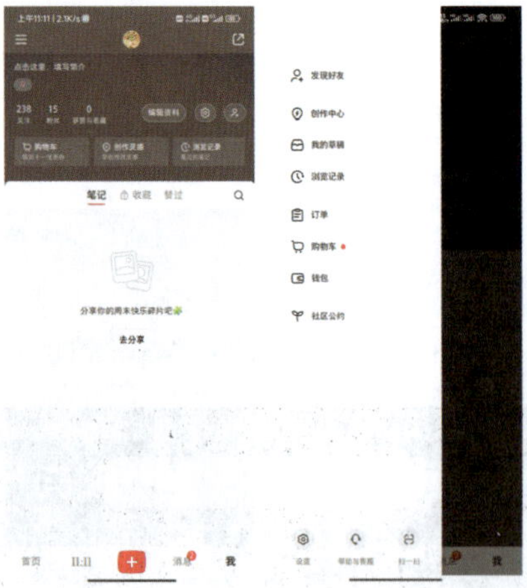

图3-55　**小红书App中的抽屉导航**

（4）列表导航。列表导航如图3-56所示，常用在相同属性的信息数量较大的场景中，数量过多时通常会进行分类展示。例如支付宝App的“我的”界面会利用卡片进行分类展示，即把有联系的功能放置在同一张卡片上，如图3-57所示，来使得页面更加清晰直观。列表的长度没有任何限制，可以通过无限地滑动屏幕浏览。

图3-56　**列表导航示意图**

图3-57　**支付宝App“我的”界面中的列表导航**

根据需求和使用场景的不同，列表导航的形式也不同，常见的形式有图标+文字、图片+文字、视频缩略图+文字等，如图3-58所示。

列表导航遵循由上至下的阅读习惯，信息排布简单，易于用户理解与阅读。需要注意的是，列表导航不会直接展示最终内容，用户需要点击某个选项，进入二级页面，才能看到选项里的内容，且列表导航占用空间较大，因此通常更多被用于二级导航页面，例如一些App的“我的”页面。当然，一些工具属性的App也会将列表导航应用于首页，让用户一眼就看到全部功能，如图3-59所示的QQ邮箱App。

图3-59　QQ邮箱App中的列表导航

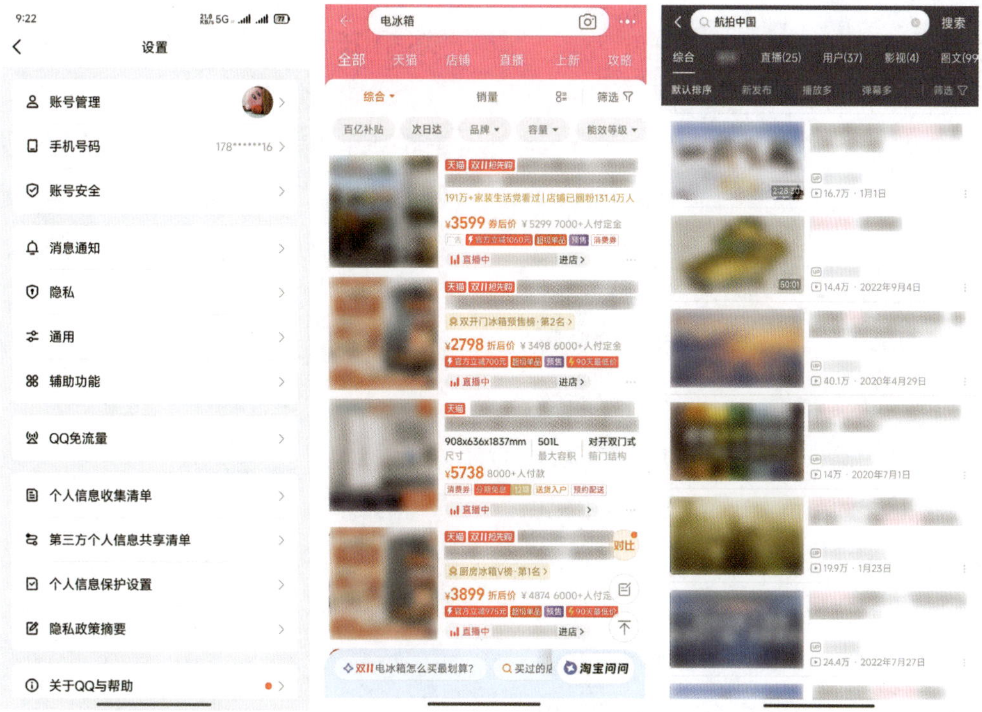

（a）图标+文字列表导航　（b）图片+文字列表导航　（c）视频缩略图+文字列表导航

图3-58　各种形式的列表导航

（5）宫格导航。宫格导航如图3-60所示，一般以图标+文字的形式出现，一般一行会有3~5个元素，常规情况下不会超过3行，超过3行时会采用不同的样式来区分，或者划分不同的分类。和列表导航类似，宫格导航也常作为一系列工具入口的聚合应用在二级页面。图3-61所示的微信App服务界面，罗列了微信提供的全部服务入口，且根据服务类型的不同进行了区分，划分出“生活服务”“交通出行”“购物消费”三个板块。

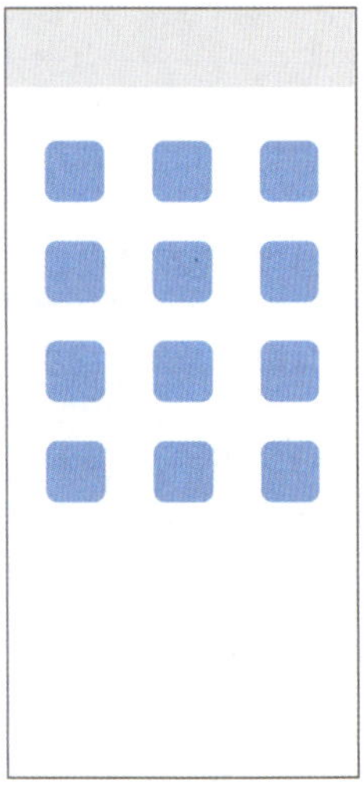

图3-60　宫格导航示意图

图3-61　微信App服务界面中的宫格导航

与此同时，宫格导航比列表导航的空间利用率更高，因此也常应用于首页，形成金刚区，即在首页Banner图下方的空间以宫格的形式展示部分核心功能，一般情况会设置1~2行，目标是为用户提供快捷入口，同时吸引用户流量，如图3-62所示的网易云音乐App，在金刚区放置了用户最常用的“每日推荐”等功能。

图3-62　网易云音乐App首页中由宫格导航形成的金刚区

（6）侧边导航。侧边导航指始终展示在页面左侧的导航，如图3-63所示。因其充分利用屏幕的竖向空间，因此通常会用在分类比较多，并且用户需要在多个分类下频繁切换的场景。例如，图3-64所示的美团外卖App，用户通过使用侧边导航，可以在多个品类下轻松地进行切换，以快捷选出自己心仪的美食。

图3-63　侧边导航示意图

图3-64　**美团外卖App中的侧边导航**

（7）陈列导航。陈列导航又称为瀑布导航，如图3-65所示，强调的是可以向下无限延伸，用户可以一直滑动屏幕浏览，在一些新媒体App和电商App中较为常见。

图3-65　**陈列导航示意图**

陈列导航常用来展示包含图片和文本等比较复杂的信息类型，通过卡片组件把相关的零散信息组合起来，并且把这些信息组按照一定的规则排列，如图3-66所示。

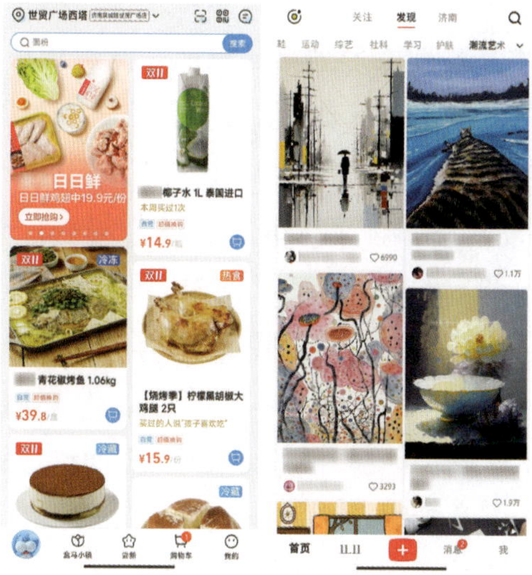

图3-66　**App中的陈列导航**

3. App常用组件

App 常用组件

组件指的是代表用户操作的特定样式的元素，每一个组件都代表了一种交互方式，也代表了一种操作结果。以下是App中常用的几类组件。

（1）按钮。按钮（Button）是页面上最常见的组件之一，它代表点击的操作动作，通常包含3种基本状态：常规状态、禁用状态、按压状态。常规状态是按钮最常见的状态，也称为正常状态，暗示用户可以点击该按钮进行操作；禁用状态是按钮的不可用状态，告诉用户该状态下的按钮不可点击，即便用户点击也不会产生任何的操作结果；按压状态告知用户已经完成操作的信息。

常见的按钮分为4种样式：常规按钮、纯文字按钮、纯Icon按钮、复合按钮。常规按钮由子文本和几何图形构成，几何图形通常是矩形、圆角矩形等；纯文字按钮通常由一个简短的动词构成，直观地告诉用户该文字按钮背后的操作结果；纯Icon按钮指的是只有一个图标的按钮，这里的图标通常是已经具有广泛用户认知基础的图形，比如删除、收藏、分享、添加等；复合按钮指的是由Icon+文字或几何图形+Icon+文字组成的按钮，复合按钮的分量会更重，通常会用在比较重要或者是独立的操作行为上面。按钮样式如图3-67所示。

图3-67 **按钮样式**

（2）控制元素。控制元素是指页面中可与用户交互、向App发出指令的组件。

①滑动器（Slider）：用户通过水平移动滑动器中的滑块，使某种变量在最小值和最大值之间随意变动。滑动器常会用在需要调节和用户感官联动的元素上，如常见的亮度调节、音量调节等；还常会用在进度调节的元素上，如图3-68所示的音乐App中调整音乐播放进度的滑动器。当滑块的值改变时，最小值和滑块之间的轨道一般会用色彩进行填充，以展示当前进度。

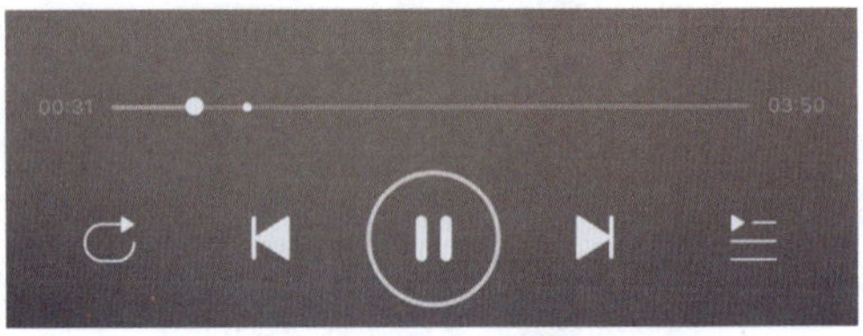

图3-68 **音乐App中的滑动器**

②开关（Switch）：用于切换两个完全互斥的状态。就像开关电灯一样，用户能够感知到的只有打开和关闭两种状态，例如设置页面中控制程序启动的开关，如图3-69所示。

图3-69 **开关组件的不同状态**

③进度指示器（Progress Indicator）：顾名思义，是用来告知用户进度的组件。在程序进行数据处理的时候，界面需要长时间保持同一种状态，为了避免让用户陷入程序没有在工作的错觉，就需要利用进度指示器来告知用户程序在正常工作。进度指示器一般用动画效果来表现，动画可以形象地表示出进度的状态，常见的形式有旋转器、进度条、进度环等，如图3-70所示。旋转器是一个简单的动画图标，它不断旋转以指示系统正在处理或加载内容，它在许多

App中得到广泛认可和使用；进度条和进度环则通过逐渐填满的水平条或圆环直观地表示任务或加载过程的进度，用户可以看到完成百分比或剩余时间。当然，现在有很多App为了让用户在等待时增加趣味性，开始为进度指示器设计趣味性动画，减轻用户等待时的心理负担，如图3-71所示，这便是UI设计中情感化设计的体现。

（a）旋转器　（b）进度条　（c）进度环

图3-70　**进度指示器**

图3-71　**进度指示器中的趣味动画**

④步进器（Stepper）：用作增加或者减少相应数值，一般情况下步进器的一端显示加号，另一端显示减号，如图3-72所示。步进器每次增加或者减少的数值是恒定的，数值可自定义。图3-73所示为电商类App购物车中常见到的控制数量的步进器。

图3-72　**步进器**

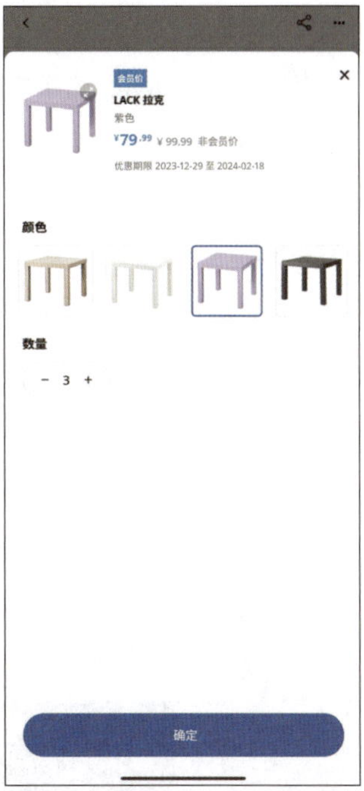

图3-73　**电商类App中的步进器**

⑤分页控制器（Page Controller）：页面中用来显示当前页面所在位置的组件，表示当前内容区块可以滚动翻页。一般以一系列小圆点的形式出现，高亮点表示当前页面，如图3-74所示。圆点一般控制在5点内，左右滑动或点击圆点可切换。当然，除了圆点，常见的分页控制器还有长条形等形状。

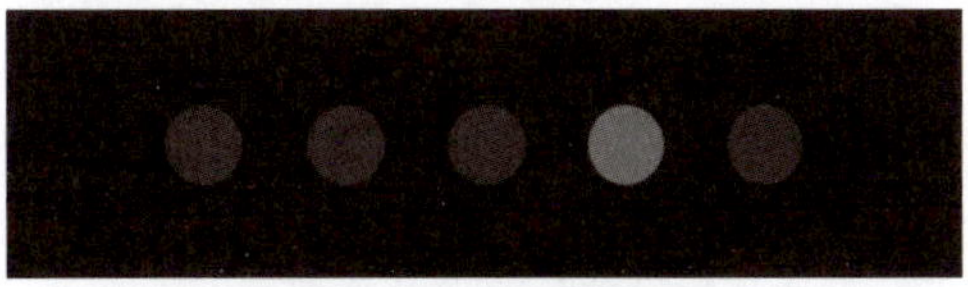

图3-74　**分页控制器**

⑥筛选器（Filter）：页面中用来调整和筛选数据的组件。数据类型不同，组件的表现形式也有所区别。例如，时间选择器和地区选择器通常采用上下滚动的方式调整信息，如图3-75所示；条件筛选器则让用户从给出的分类条件中

选择若干限制条件，从而逐步缩小搜索范围，如图3-76所示。

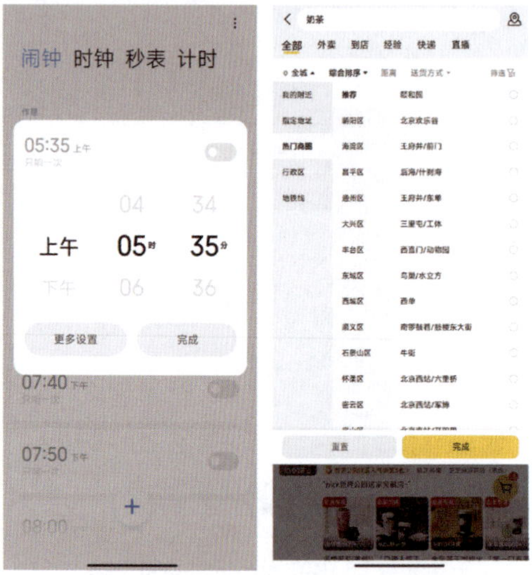

图3-75 **时间选择器和地区选择器**

图3-76 **条件筛选器**

（3）表单。

①单选框和复选框：单选框一般用于一组互斥选项中，用户能且只能选择一项，如图3-77（a）所示。需要注意，单选框数量不宜过多。复选框则是用于互相关联的选项中，用户可以选择一个选项，也可以同时选择多个选项，如图3-77（b）所示。在设计时应注意，无论是单选框还是复选框，选中状态和未选中状态的外观应有鲜明对比，方便用户识别。

（a）单选框

（b）复选框

图3-77 **单选框和复选框**

②输入框：是供用户输入文本内容的组件，当用户点击文本输入框时，弹出键盘和输入光标。一般来说，根据使用场景的不同，输入框在是否带清除按钮、输入内容的对齐方式等细节问题上有所不同，如图3-78所示。

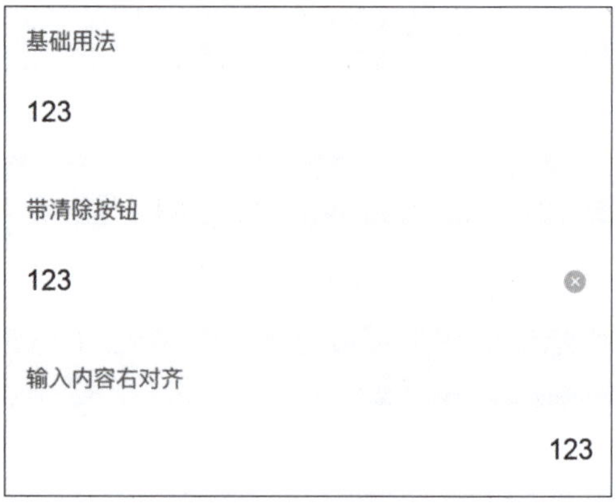

图3-78 **输入框**

③搜索框：特指搜索场景的输入框组件。一般会在搜索框中默认填写提示文字，例如图3-79中的“请输入内容”，在用户实际输入内容后提示文字

消失。搜索框有时会同时显示“取消”按钮。

图3-79　搜索框

（4）横幅广告。横幅广告（Banner）是网络广告最早采用的形式，也是最常见的形式。横幅广告又称旗帜广告，它是横跨于网页上的矩形公告牌，当用户点击这些横幅的时候，通常可以链接到广告的主网页。图3-80为Banner常见形式示意图，图3-81为App中各种形式的Banner。

（a）Banner+分页控制器　（b）通栏Banner+分页控制器　（c）背景+Banner+分页控制器　（d）Banner+待轮播图

图3-80　Banner常见形式示意图

图3-81　App中各种形式的Banner

（5）卡片。目前，在App的UI设计中，卡片式设计已经是一种常见的设计形式。这里的卡片是指单个主题内容和操作的集合，通常是一个包含图像和文字的矩形区域，是进入更详细信息的入口。为了突显存在，卡片一般由一个圆角矩形或其他形状的容器承载，内容上一般可以包括但不局限于缩略图、媒体、标题、子标题、正文、注释、按钮、图标以及其他组件等，如图3-82所示。

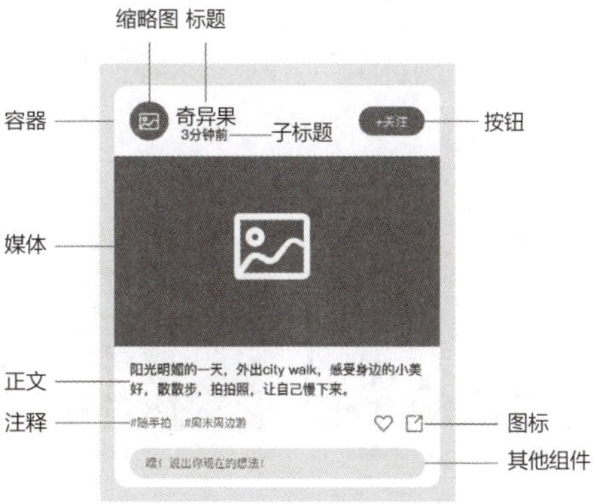

图3-82　App中的卡片

页面上有多个卡片时，只需要将容器之间拉开适度距离，便自成一体。图3-83所示的中国建设银行App，每个理财产品的信息自成一个卡片，卡片之间拉开距离，界面信息简洁直观。

图3-83　中国建设银行App中的卡片

另外，卡片在App中的广泛应用，渐渐衍生出一个UI设计领域的概念——瓷片区，即首页上的运营广告位模块，因其可以根据需求变动灵活调整，就像瓷片一样灵活适用而得名。瓷片区和前文提到的金刚区一样，都起着吸引用户目光和流量的作用。图3-84为各种App中的瓷片区。

图3-84　**各种App中的瓷片区**

4. 交互原型图绘制

交互原型图绘制

交互原型是设计师在接到产品需求之后，经过一系列分析，将抽象的文字产品功能需求和信息架构转化成具体的图形产品方案的产物，通常也可以叫低保真图。通常来说一个标准的交互原型设计过程有以下3个阶段。

（1）绘制纸面原型。通俗的理解就是用纸和笔，采用手绘的方式快速地进行原型的设计，如图3-85所示。

图3-85　**纸面原型**

（2）绘制计算机原型。即在纸面原型的基础上，通过计算机绘图，将产品界面的布局模拟出来，重点关注功能、结构、流程，如图3-86所示。一般原型图上只提供最简单的框架和元素，没有色彩等视觉设计。需要注意，只有脑海中可以清晰地想象页面的布局及80%的细节的时候，设计计算机原型才有意义，不然就需要继续通过纸面原型，帮助自己进一步明确相关的元素和想法。

图3-86　**计算机原型**

（3）添加交互说明。一个完整的交互原型除了页面设计，详细的交互说明也是必不可少的。交互说明要涵盖页面的各种变化状态，如果有页面跳转的说明，需要把跳转的页面用链接箭头连接起来，如图3-87所示。

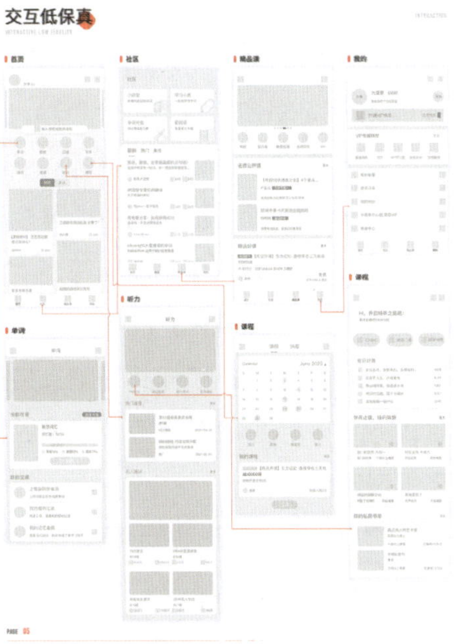

图3-87　交互说明

5. 交互原型图的绘制方法

绘制交互原型图一般常用的软件有Axure RP、墨刀、Adobe XD等，本任务将主要以Axure RP（以下简称Axure）为例进行讲解。Axure是美国Axure Software Solution公司开发的一款快速原型设计工具，其功能全面，用户涵盖产品设计团队的产品经理、交互设计师、视觉设计师、开发工程师等多种角色，能够帮助使用者快速创建产品的线框图、流程图、原型图和规格说明文档等，同时支持多人协同设计。

（1）Axure界面认识及基本操作。Axure的工作界面如图3-88所示，主要包括“页面”面板、“元件库”面板、“母版”面板、操作区、工具栏、“检视”面板和“概要”面板。

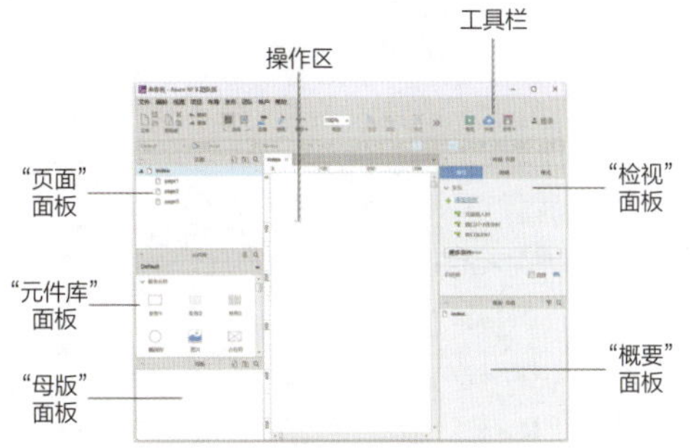

图3-88　Axure工作界面

①“页面”面板：展示当前文档的全部页面，可以通过双击进入不同页面，支持对页面进行增加、删除、重命名、修改层级等操作，如图3-89所示。

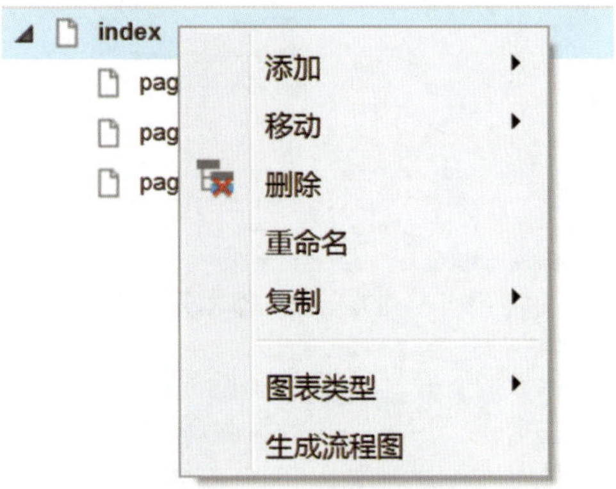

图3-89　“页面”面板

②“元件库”面板：存放元件。Axure默认自带“Default”“Flow”“Icons”三个元件库，如图3-90所示。“Default”主要包括基本元件、表单元件、菜单和表

格、标记元件，其中基本元件中，包括各种形状、图片、按钮等常用元件，如图3-91所示；“Flow”主要是流程图相关元件；“Icons”则是常用图标元件。除自带元件外，Axure还支持用户载入自定义的元件。点击元件并拖动到操作区，即可完成添加元件的操作，可进一步对元件的属性进行修改，如图3-92所示。

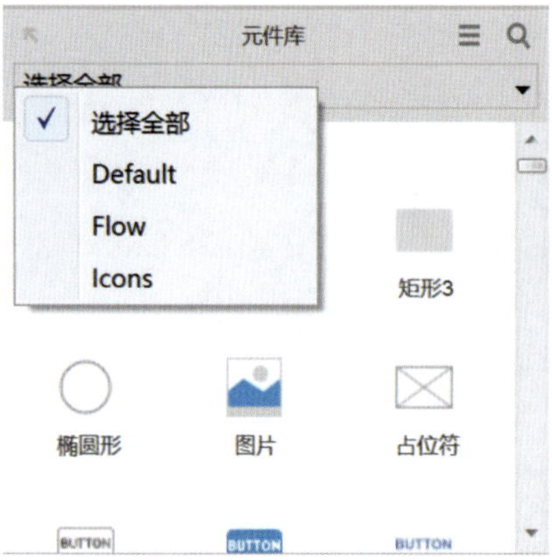

图3-90 “元件库”面板

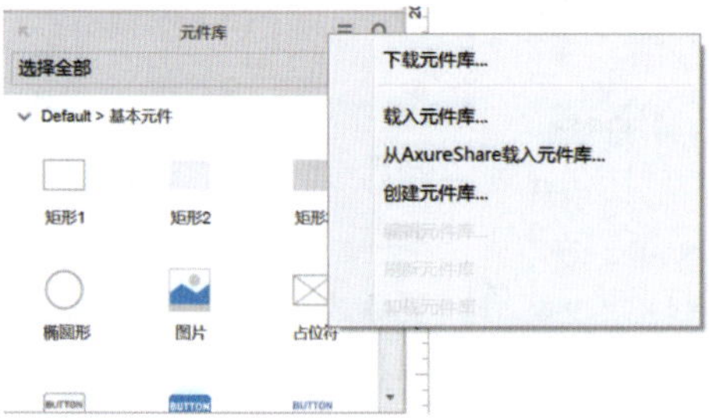

图3-91 “Default”基本元件选项

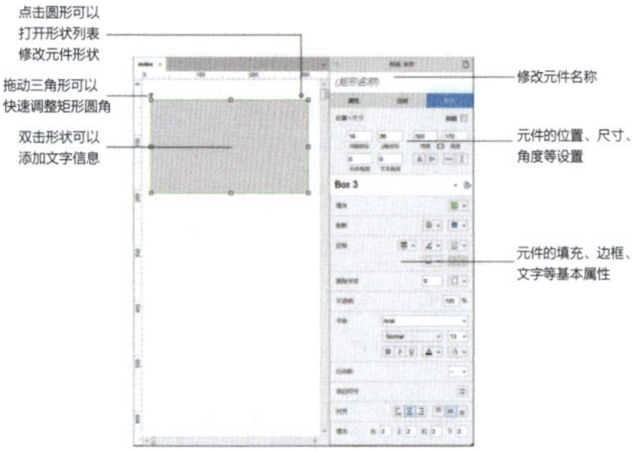

图3-92 修改元件属性

③“母版”面板：对于状态栏、标签栏等需要重复、反复使用的内容，用户可将其设置为母版，便于反复使用，避免重复绘制，从而提高设计效率。

④操作区：是原型图的绘制区域，默认有x、y轴标尺用来标定元件的位置。

⑤工具栏：集合了多种常用功能，例如顶/底层、组合、对齐、分布等，查看原型效果的预览功能也在此栏。

⑥“检视”面板：包括“属性”“说明”“样式”三个功能标签。“属性”支持设置交互事件；“说明”用于添加对元件的注释；“样式”则支持对元件的尺寸、色彩、文字等外观属性进行详细设置。

⑦“概要”面板：展示页面中存在的全部元件，并支持修改元件的顶/底层顺序，类似于Photoshop中的“图层”面板。

（2）用Axure实现交互。在Axure中，交互主要涉及两大类，都在“检视”窗口进行设置：一类是当鼠标没有选中任何元件的情况下，“检视”窗口显示的是有关页面或者窗口这种全局类的交互，例如“页面载入时”等，如图3-93所示；另一类是当鼠标选中某个元件时，“检视”面板显示的是当前元件的交互，例如“鼠标单击时”等，可以通过“更多事件”下拉列表来查看全部可以添加的事件，如图3-94所示。

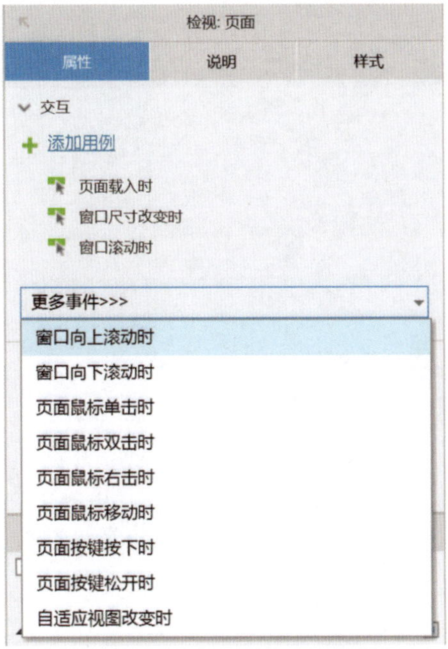

图3-93 **页面/窗口交互**

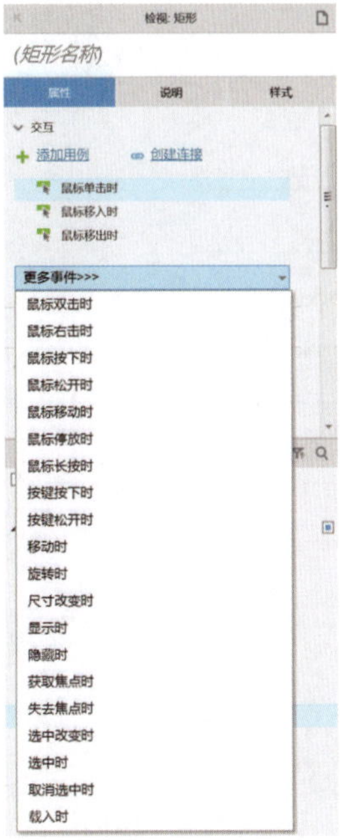

图3-94 **元件交互**

要用Axure实现交互，一般需要首先选中要设置的页面或者元件，然后在“检视”窗口添加相应事件，进一步在“用例编辑”对话框设置具体的交互动作，如图3-95所示。

课堂练习

用Axure实现界面跳转，以三个常用的交互为例进行练习。

用 Axure 实现界面跳转

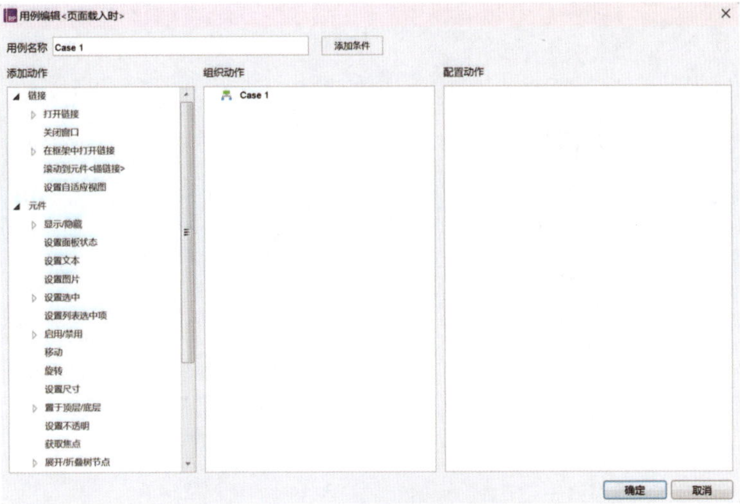

图3-95 **“用例编辑”对话框**

工作任务 助农电商App交互原型图绘制

学生工作手册

工作情景描述

前期，我们已经对助农电商App的信息架构图和流程图进行了设计，接下来，校企合作设计公司邀请同学们继续为助农电商App的核心界面进行交互原型图的绘制，为后续的视觉设计做准备。

活动思考

问题1：App的基础框架由哪几部分组成？常见的交互手势有哪些？

问题2：App常用的导航形式有哪些？找一找自己手机中有哪些例子？

问题3：以自己用过的某个电商App为例，寻找其中出现了哪些本书讲到的组件？

问题4：交互原型图的绘制一般经历哪几个阶段？

思想提升

2020年11月24日，习近平总书记在全国劳动模范和先进工作者表彰大会上提出：“在长期实践中，我们培育形成了爱岗敬业、争创一流、艰苦奋斗、勇于创新、淡泊名利、甘于奉献的劳模精神，崇尚劳动、热爱劳动、辛勤劳动、诚实劳动的劳动精神，执着专注、精益求精、一丝不苟、追求卓越的工匠精神。”在助农电商App交互原型图的绘制过程中，我们学习了不少新概念新规范，你对劳模精神、劳动精神和工匠精神的内涵有了怎样的新认识？

工作任务实施

活动步骤	活动要求	活动安排	活动记录
步骤1：小组分工	针对信息架构进行小组分工	具体活动：根据信息架构和业务流程图，每位成员认领一个模块	
步骤2：绘制纸面原型	针对认领的模块，用纸笔绘制纸面原型	具体活动1：明确需要绘制的页面数	
		具体活动2：明确需要用到的导航形式和组件	
		具体活动3：用纸笔绘制纸面原型	
		具体活动4：检查纸面原型的可用性	
步骤3：绘制计算机原型	在纸面原型的基础上绘制计算机原型	具体活动1：利用Axure将纸面原型绘制为计算机原型。注意导航形式、组件的使用要规范、合理	
		具体活动2：添加跳转、滑动、滚动等交互，形成可交互原型	
步骤4：添加交互说明	为计算机原型添加交互说明	具体活动：为计算机原型添加交互说明	
步骤5：演示汇报	演示汇报交互设计方案	具体活动：在班级内，边演示边汇报交互设计方案	

评价与总结

一级指标	二级指标	评价内容	分值	自评	互评	教师	企业专家
学习过程（50分）	自律能力	能够在规定时间内完成规定任务	2				
	学习能力	能够掌握交互原型设计的基础知识	10				
		能够掌握App导航形式和组件的分类和用法	10				
	实践操作能力	能够用Axure绘制原型图	10				
		能够用Axure为原型图正确添加交互事件	10				
	思维能力	具备独立思考的能力，能够选择合适的导航形式和组件	2				
	表达能力	在演示讲解过程中，能够结合可交互原型演示、汇报交互设计方案	3				
	学习参与度	能够积极参与教师发布的抢答、讨论等课堂活动	3				
作品得分（50分）	职业岗位能力	交互原型图导航形式、组件使用合理，无明显错误	15				
		交互设计流程与流程图相符，能够顺利完成任务	15				
		企业满意度	20				
总结							

老师提示

在实际设计工作场景中，交互设计师往往会针对一个功能或者一个界面，绘制多个交互原型图方案，并从中选出最优方案。

项目 4

音乐App视觉设计

项目概况

项目背景

随着音乐风格越来越多样，年轻群体对于音乐的追求也向着更加个性化、多元化的方向发展。如果要问现在年轻人的耳机里都“藏”着什么旋律，这个答案恐怕无法统一，因为年轻人关注的音乐包罗万象，各种风格开放、交织，他们通过听音乐传递情感并感受能量。在这样的背景下，乐于创新、追求个性的年轻群体对于音乐类App的使用更加频繁，对于这类App的视觉设计也提出了更加个性化的需求。

项目导入

校企合作设计公司预备开拓新的市场方向，制作一款服务年轻人的有个性的音乐App，目前正处于项目创意研发阶段，公司邀请同学们一起进行App创意设计。需要大家根据自己的创意思考，经过缜密的产品风格分析，确定App视觉设计规范，完成产品界面创意方案汇报提案。

企业要求

（1）对音乐App进行产品创意分析，并完成产品情绪板制作。

（2）根据情绪板输出产品配色、字体方案。

（3）完成产品应用图标与功能图标提案。

工作任务

1. 任务要求

（1）分析界面设计风格特点，了解界面风格发展趋势。根据情绪板设计方法，确定产品关键词，进行调研并收集资料，完成产品情绪板制作。

（2）根据情绪板，确定产品界面风格和产品配色方案，确定界面的主色、辅助色、点缀色。为界面选择合适的字体，并对字体大小比重进行层次区分，完成字体规范。

（3）根据产品功能与特色，进行应用图标的创意设计，绘制图标草图，并按照图标规范输出应用图标。根据产品特色与原型图，分析产品中的功能图标，遵守界面设计规范，绘制完成基础的功能图标，输出图标提案。

2. 任务形式

分析界面风格，输出App情绪板，输出界面色彩、文字规范，完成图标提案。

3. 建议学时

任务1界面风格探索：4学时；任务2视觉设计规范：4学时；任务3图标设计：8学时。

工作标准

1. 界面设计“1+X”职业技能等级标准

（1）任务1界面风格探索对接“能根据品牌定位完善品牌策略并建立品牌情绪板；能独立推导出品牌关键词，确定风格调性”的要求。

（2）任务2视觉设计规范对接“能掌握色彩构成的基本原理和一般规律”“掌握图形创意的表现形式与手法”“完成符合视觉规范的标签栏图标设计”的要求。

2. 大学生创新创业大赛标准

（1）任务均由学生团队合作完成，锻炼团队协作精神，对接“项目充分体现团队解决复杂问题的综合能力和高级思维”的要求。

（2）任务是校企合作企业提供的真实案例，对接“体现产学研协同创新、产教融合等模式在项目的产生与执行中的重要作用”的要求。

任务1 界面风格探索

知识导入

观察下方的几张UI设计图（图4-1），并进行小组讨论。说一说这些图在视觉设计方面分别有什么特点，给你一种什么样的感觉。

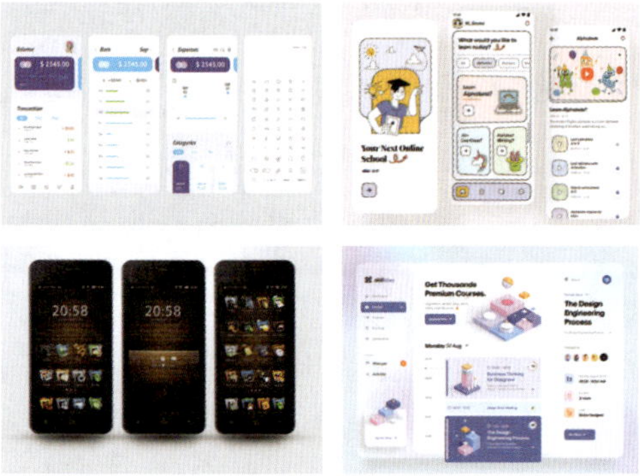

图4-1 UI设计图

学习目标

1. 素质目标

（1）培养爱岗敬业的精神。

（2）培养严谨认真的工作态度。

（3）培养团结互助的精神。

（4）培养探索发现的精神。

2. 知识目标

（1）了解界面风格发展历史、发展趋势。

（2）掌握界面风格分类。

（3）掌握情绪板概念。

（4）掌握情绪板设计流程。

3. 能力目标

（1）能够区分不同界面风格使用场景。

（2）能够为产品选择合适的界面风格。

（3）能够按照情绪板设计流程完成情绪板制作。

（4）能够小组合作完成情绪板汇报。

知识准备

1. UI设计风格

界面发展历史

（1）发展历史。手机系统不断更新换代，为用户提供了更多的自主选择权，满足了用户的个性化需求。对比自己与其他人的手机界面，我们会发现大家的手机界面可能存在很大的区别，有的人选择了可爱的风格主题，有的人选择了简约的风格主题，有的则会选择写实的风格主题。不同的风格让界面呈现不同的效果。

图形用户界面（GUI）的发展历史与计算机操作系统的发展密不可分。1973年，第一代图形用户界面诞生，到现在已经走过了50多年的历程。图形用户界面在发展过程中，出现了很多关键时刻。

①萌芽阶段：1973年4月，施乐公司帕洛阿尔托研究中心（Xerox PARC）研发出了第一台使用Alto操作系统的个人电脑，如图4-2所示。Alto操作系统首次将所有的元素都集中到现代图形用户界面中，它相当小，但却有着强大的处理图像信息和分享信息的能力，拥有“所见即所得”的文档编辑器，内置了大量的字体和文字格式。另外，Xerox PARC还开发了一种名为Smalltalk的程序语言和环境，它拥有自己的GUI环境（包括弹出菜单、视窗、图标）。

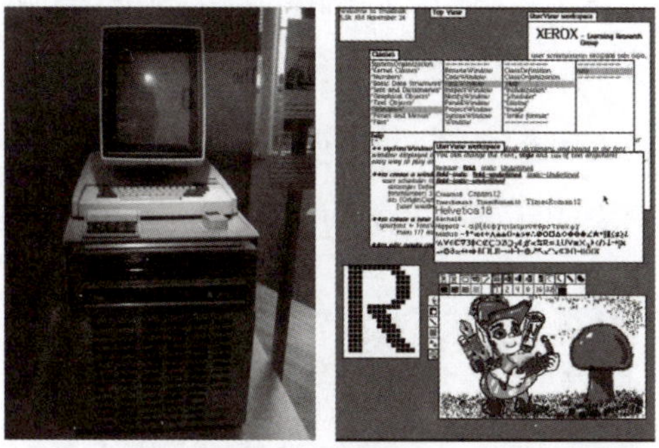

图4-2　施乐公司研发的使用Alto操作系统的个人电脑

1983年1月，苹果公司发布了Lisa办公系统，如图4-3所示。结合Lisa硬件、操作系统、办公软件，苹果公司设计出了一款强大的文件处理工作站。该工作站最大的亮点是支持3.5in的软盘，能够最小化、关闭窗口、复制文件等。

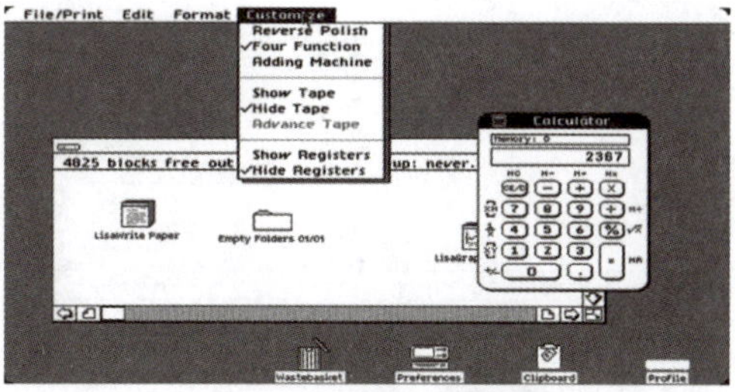

图4-3　Lisa办公系统界面

1984年，苹果公司乘胜追击，发布了Macintosh系统，如图4-4所示。它已经有了现代操作系统的一些特点：当插入磁盘时可以直接在桌面上看到，方便存取文件；双击磁盘图标，打开一个文件窗口，同时伴随着缩放效果；文件和文件夹都可以被拖拽到桌面上，还可以通过拖拽来拷贝或移动文件；默认状态下文件夹以图标方式查看，它还可以根据文件大小、名字、类型或日期来排序，通过点击图标下面的名字，可以输入新的名称来对文件重命名。

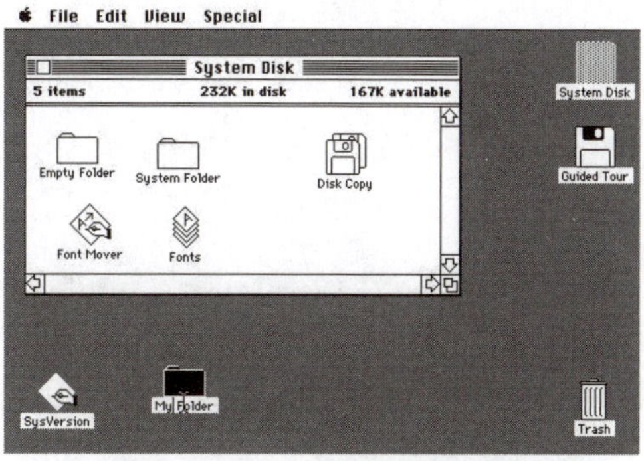

图4-4　Macintosh系统界面

1985年，微软公司推出Windows 1.0操作系统，如图4-5所示，特点是窗口不可重叠，但可平铺，窗口不会覆盖屏幕下方的图标区域。

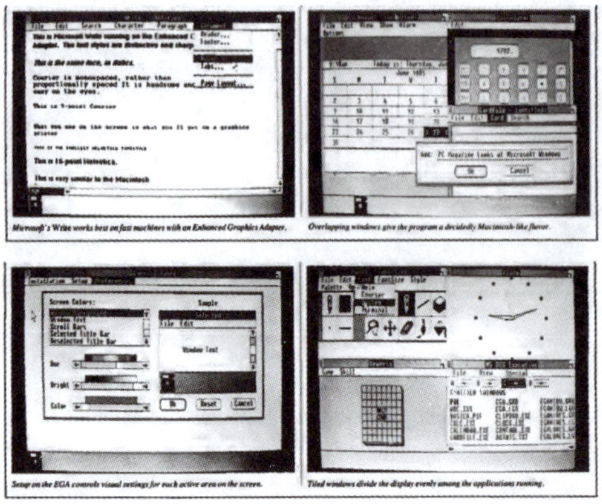

图4-5　Windows 1.0操作系统界面

当时UI设计并不是一个独立的行业，UI设计工作基本都是电脑工程师顺带做出来的。Macintosh和Windows系统也没有普及，大多数的电脑显示屏仅能显示单色的像素。

②拟物元素阶段：1990年，微软公司的Windows 3.0已经开始有浮雕、阴影的页面元素，拟物化的萌芽已经出现。1995年，微软公司推出的Windows 95界面中使用了浮雕凸起、凹陷等效果，如图4-6所示。不过所谓拟物没有在质感和材质上进行深挖，只是在体积、光影上进行了应用。

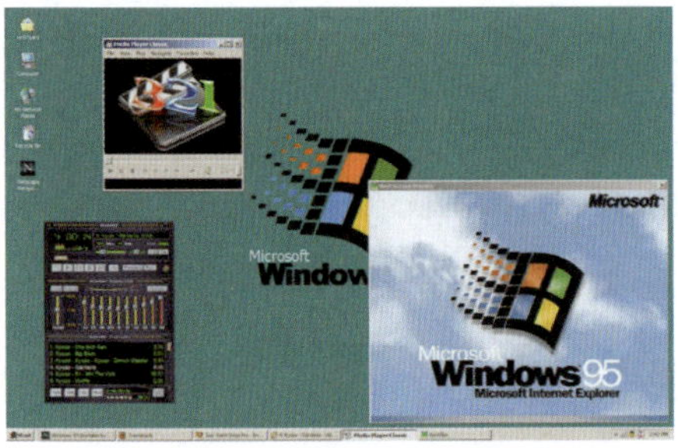

图4-6　Windows 95界面

苹果公司产品风格在2000年之前和微软产品如出一辙，然而在2000年，苹果公司发布了全新用户界面Aqua（Aqua是Mac OS X的GUI商标名称），如图4-7所示，Aqua是拉丁语中“水”的意思。随后，iPhone的iOS系统也沿用了这种设计语言，从此进入了拟物化的视觉时期。

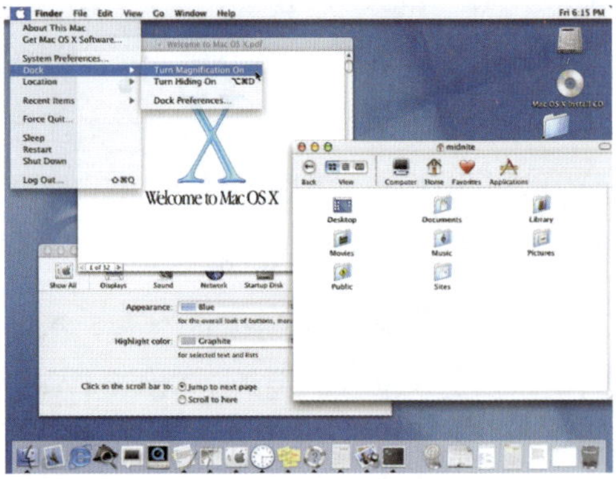

图4-7　Aqua界面

2001年10月25日，微软公司发布了拥有全新用户界面的Windows XP，如图4-8所示。该界面支持更换皮肤，支持数百万种颜色，用户可以改变整个界面的外观和感觉。

图4-8　Windows XP界面

2008年，苹果公司发布了自己的手机系统iPhone OS（后改名iOS），如图4-9所示。和此前配有触笔的Newton系统不同，iPhone OS是围绕一面高分辨率的大触摸屏设计的。iPhone OS拥有全新的基于 OS X（前称Mac OS X）的用户界面，按键设计与Aqua的相同，列表滚动与iPod的相似。

图4-9　iPhone OS 2界面

2008年，Android系统也正式发布，Android系统在诞生初期和iOS系统的风格非常相似，如图4-10所示。

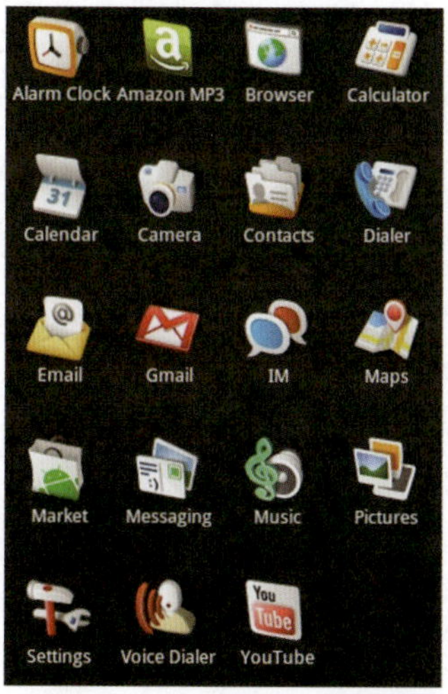

图4-10　Android 1.1界面

③扁平化时代：2010年，微软公司推出手机操作系统Windows Phone 7.0，该界面使用简单的方格状色块与无衬线字体，图标也不再以拟物化形式呈现，而是去除了细节与阴影，如图4-11所示，这是扁平化设计第一次在资讯产品上向世人展现其样貌。微软公司把这种界面称为Metro UI，之后便开始将其整合到公司旗下的Xbox 360 和 Office 系列软件产品上。

图4-11　Windows Phone 7.0界面

2013年，由乔纳森·伊夫（Jonathan Ive）主持设计的iOS 7系统一经发布就引起设计界和科技界的广泛关注。iOS 7系统摒弃了之前所有的拟物化设计，去掉了投影等过时元素，出现了全新的扁平化设计，如图4-12所示，引领界面设计由拟物风格转变为扁平风格。

（a）iOS 6界面　　（b）iOS 7界面

图4-12　iOS 6和iOS 7界面对比

2014年，谷歌公司推出了一种新的Material Design（材料设计语言）设计风格。该界面加入了五彩缤纷的颜色、流畅的动画效果，呈现出一种清新的风格，如图4-13所示。采用这种设计的目的在于统一 Android 设备的外观和使用体验，不论是手机、平板还是多媒体播放器。

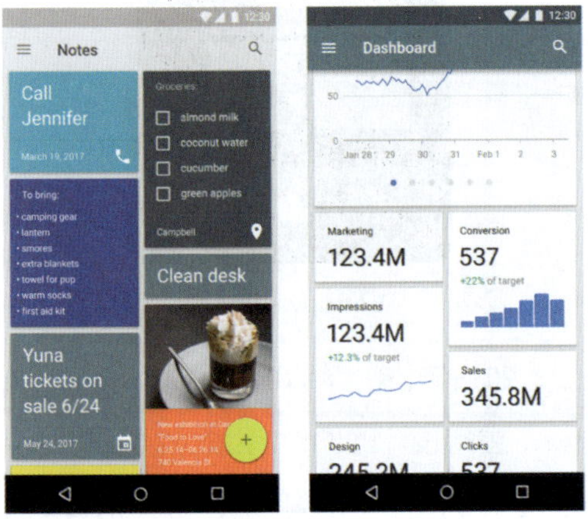

图4-13　Material Design 界面

④百花齐放时代：UI设计风格在微软、谷歌、苹果三家行业巨头的影响下进入了百花齐放、百家争鸣的环境。UI设计随着各种系统的更新换代也在不断进行改变，中国市场内的UI设计也产生了令世界瞩目的成绩。

2010年，“为发烧而生”的小米MIUI（米柚）进入大众视野，并获得用户的狂热追捧。由于当时的Android系统很多功能并不完善也不好用，小米公司尝试在Android系统基础上，基于用户体验进行进一步改造，设计出了MIUI。MIUI经过版本的不断更迭，进行了很多有开创性和有意义的探索。在MIUI V3中，通过小米自研的百变框架，设计师可以轻松制作出各种锁屏与主题，这让用户可以根据自己的喜好随心定制自己的手机界面。MIUI V4加入了陌生来电第一声不响、闹钟支持“法定工作日”（智能跳过节假日）等广受好评的功能。MIUI V5推出的运行时权限管理，领先原生Android系统近3年，这是Android系统首次发力保护用户隐私。经过多年的发展，2023年10月26日，小米澎湃OS（Xiaomi HyperOS）正式发布，它是小米旗下“人、车、家全生态操作系统”，其核心理念是“以人为中心，打造人、车、家跨端智联的全生态系统”。小米澎湃OS将逐步接替MIUI。

鸿蒙这个名字意为“万物起源”，同时也寓意国产操作系统的开端。2019年8月9日，华为正式发布了HarmonyOS 1.0，该系统率先部署在智慧屏上。2019年8月10日，荣耀正式发布搭载鸿蒙操作系统的荣耀智慧屏Pro。

百花齐放的时代，每个UI设计师都有机会做出自己的贡献，但也面临很大的挑战，所以UI设计师一定要把握当下的趋势，具有前瞻性。

（2）界面设计主要风格分类。

界面设计风格

①拟物化风格：通过界面发展的历史，我们能够发现移动设备

（苹果手机）最先使用的就是拟物化风格。这是因为触摸屏的出现，打破了原有的手机使用方法。为了能够降低用户的使用难度，UI设计引入用户在现实世界中使用的熟悉的对象作为用户界面控制的元素，并将实物的触感、质感和纹理真实地反映出来，让用户能很容易地正确推断界面控制的方法。这种熟悉感可以鼓励用户更多地使用产品，更快采纳产品的设计，减少新用户面对产品的恐惧感和障碍感。例如，记事本App使用黄色带格子线的纸张设计；书籍App模仿真实的书架设计，如图4-14所示；用电池图标作为手机电池管理App图标；绘制非常逼真的照相机镜头作为相机App图标等。拟物化设计也存在一些缺点：大多数的拟物化界面并没有变得功能化，但设计师却要花费大量的时间和精力在视觉阴影和质感效果的打造上。

图4-14　书籍App界面模仿真实的书架设计

②扁平化风格：iOS 7系统的扁平化设计为UI设计带来了扁平化的风格，其成为UI设计的主导风格。扁平化风格去除冗余、厚重和繁杂的装饰效果，比如去掉了多余的透视、纹理、渐变以及能做出3D效果的元素，这样可以让界面信息本身重新作为核心被突显出来。同时在设计元素上，扁平化风格强调抽象、极简和符号化，整体画面简洁，如图4-15所示，给用户带来了更加干净清晰的体验，让用户快速获取信息，提高工作效率。

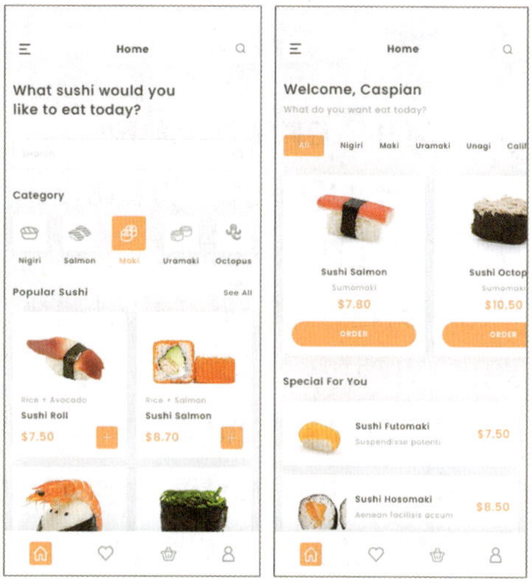

图4-15　扁平化风格的界面

扁平化的缺点是简洁的界面内容会给用户带来较大的学习成本。但是随着移动设备的普及，大众已经熟悉了移动设备的使用方法，所以扁平化界面的学习成本目前可以忽略不计了。但是扁平化的普及，也让各种UI设计越来越单调和同质化，于是设计师们开始在扁平化风格上进行不同风格的尝试。

③轻拟物化风格：轻拟物化风格不是单纯地复刻以前的拟物化风格，而是

集合时下审美趋势的新风格。该风格通过渐变及光影效果来呈现元素的立体感及轻微的质感，颜色自由度较高，提高了界面和图标的辨识度，如图4-16所示。

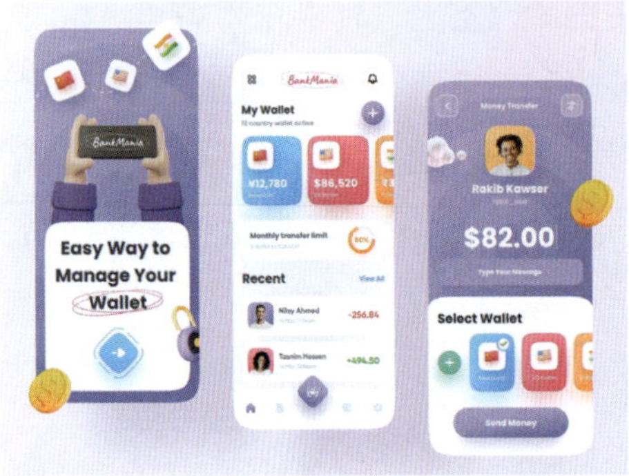

图4-16　**轻拟物化风格的界面**

（3）界面风格发展趋势。UI设计一直是一个年轻且具活力的领域，每一年都会出现新趋势。目前，UI设计趋势主要有以下几种。

①深色模式：自2019年苹果公司在iOS 13发布黑暗模式之后，深色模式近年来越来越受欢迎，逐渐成为一种趋势。深色模式满足了一部分人的使用习惯，如今各大主流App都推出了两种模式以便用户选择。图4-17为iOS系统的深色模式。

图4-17　**iOS系统的深色模式**

②渐变和透明元素：在平面视觉设计作品中，渐变设计使用更加夸张，更突出画面视觉张力。但是在UI设计领域，背景、UI元素（如按钮、卡片和图形）的渐变会使界面显得更加微妙柔和，如图4-18所示。渐变色可以不单单运用在卡片背景上，同时也可应用在图标上，它可以增加整体界面的质感，让产品年轻化。

图4-18　**界面中的渐变**

UI设计中的透明元素突显了应用程序某些部分的深度，使设计更清晰、更具吸引力，如图4-19所示。透明元素在运用中逐渐产生了玻璃拟态风格，该风格受到很多设计师和用户的青睐。玻璃拟态背后的想法是软化明暗设计元素之间的对比，其设计理念是使用类似于磨砂玻璃表面的透明模糊背景。通过背景模糊和增加透明度，展现出丰富的层次和磨砂玻璃的质感，并且添加适当装饰让界面更具吸引力。玻璃拟态风格的主要特点为：具有透明度，背景模糊，透明物体上有薄光边框，分层设计，使用鲜艳的色彩。

图4-19　界面中的透明元素

③3D风格：从整体视觉到UI元素、交互、体验，3D几乎无处不在。运用3D来构建视觉景深、渲染出层次，是3D风格的一个突出亮点，如图4-20所示。3D风格使用景深和3D元素所构建出来的沉浸感使得整个页面充满了吸引力；该风格结合色彩、阴影、高光，在高清晰度的屏幕上呈现良好的视觉效果……这些都成了将用户留下来的理由。

图4-20　界面中的3D元素

④动画和微交互：动画和微交互可以为用户界面增加动感和互动性，如图4-21所示。在设计过程中，经常加入微动效的一般是页面切换、对话框、上滑浮层、弹出式菜单、触发缩放类、页面导航、分页滚动、小模块滑动、开关类、按钮等模块或模块触发的反馈。

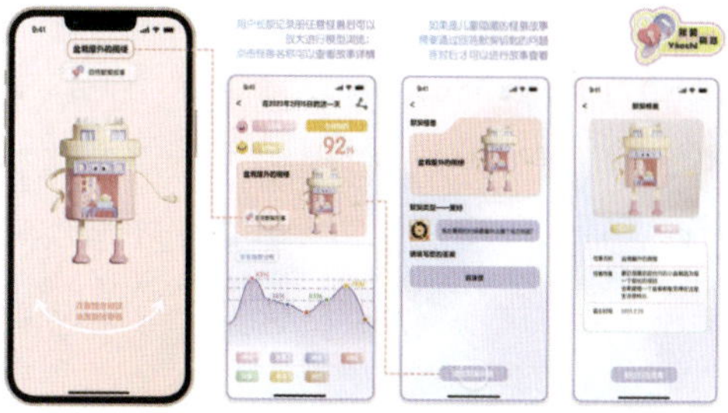

图4-21　界面中的动画和微交互

⑤AI技术的运用：随着ChatGPT和Midjourney的发展，AI制图技术更加成熟。AI也可以从用户行为中学习并适应他们的需求，根据他们的特定要求个性化和定制用户体验。UI设计师也可以将AI技术与工作结合，创造更多惊喜。图4-22为利用AI技术绘制的界面。

图4-22　利用AI技术绘制的界面

2. 情绪板的设计

认识情绪板

（1）什么是情绪板。UI设计是一种视觉设计，通过界面的视觉效果向用户传递产品的自我定位、自我性格等。优秀的UI设计一定是符合产品本身性格特质的，比如支付宝App的蓝色衬托出科技感和商业感，学习强国App的雅宋字体则让App整体展现出挺拔有力、庄重典雅的感觉。若问不同的人绿色是什么样子的，相信每个人心中的绿色肯定是不同的，有深绿、有浅绿、有墨绿，所以在进行UI设计时，需要一个重要工具进行辅助，帮助设计师快速有效地确定界面的整体视觉感受。

情绪板（Mood Board）是一种视觉呈现的方式，或一个由图像、文字、物体样品等“拼贴”而成的画板。情绪板可以基于一个固定的主题，也可以是随机选择的任何话题。情绪本身是看不见摸不着的东西，对于这类抽象的事物，设计师可以借助情绪板来传达一个大概的想法或对特定主题的感觉。

（2）情绪板的重要性。UI设计工作经常遇到新版本或者改版设计的可能，从创意想法到设计初稿的过程会花费很长的时间。设计师在进行界面创意工作时，也需要将想法与产品团队、部门领导、客户进行沟通。

情绪板可以作为一个视觉工具（可视化表达工具），迅速告知其他人一个想法的整体感觉。UI设计师使用情绪板在视觉上说明他们希望追求的风格，帮助设计师更好地寻求设计方向、打磨设计过程，还可以在团队之间传递设计灵感与设计思路，从而使团队成员之间的想法充分融合，有助于快速有效地推动工作进程。

（3）情绪板的设计流程。情绪板的设计流程可以分为以下4个步骤。

情绪板设计流程

①确定原生关键词：根据产品相关背景、用户研究结果、品牌营销策略或者需求方向，寻找主题相关的关键词。关键词包括各个方面，可以是感觉相关的，也可以是场景相关的，还可以是名词相关的，只要对主题有帮助的都可以放上去。把答案凝结成最核心的3～5个词语，帮助设计师确定方向。

②产出衍生关键词：如果仅针对关键词进行素材收集，会产生素材内容单一、同质化的问题，这会阻碍设计师发散思维以及寻找有用的素材，所以就需要针对关键词进行发散和联想，产出衍生关键词，得到更详细具体的描述，获得更多的灵感。

例如，针对“时尚”这个关键词进行发散思维：看到“时尚”这个词，你想到了什么？你认为什么颜色能够表达“时尚”？如果将“时尚”当作一种物品，你觉得是什么？“时尚”是一种字体的话，你觉得会是什么字体？什么场景会让你感觉到“时尚”？这些问题可以在设计团队内部进行，也可以对用户开展用户访谈，帮助设计师了解用户的想法。思考完这些问题后得到的词就是衍生关键词。

③寻找素材：根据关键词和衍生关键词，寻找相关素材。可以使用优质网站提升工作效率，比如视觉中国、花瓣网、站酷海洛等。不建议直接在搜索引擎中进行图片搜索，因为搜索引擎搜到的图片质量参差不齐，需要进行二次分辨、整理。

④提取生成情绪板与视觉风格：将收集到的素材进行布局和组合，根据需要对素材进行调整和编辑，可能需要裁剪、调整颜色、修改大小或添加滤镜等。确保素材之间的协调和一致性，以达到所需的情绪和视觉效果。尝试不同的排列方式，探索不同元素之间的关系和视觉效果。情绪板的呈现可以按照需要分为界面、图标、颜色、字体、海报、背景等几方面。基础方案组合完成后需要进行二次打磨，细化方案的内容表现，检查整体的一致性及完整度，最后呈现给产品方。

情绪板的设计流程如图4-23所示。

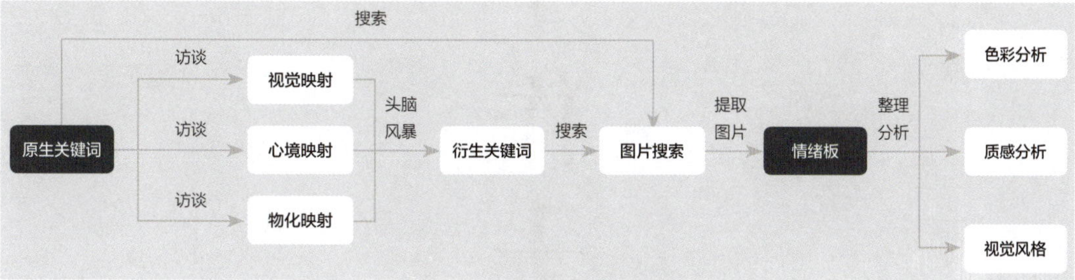

图4-23　情绪板的设计流程

工作任务 音乐App情绪板制作

学生工作手册

工作情景描述

校企合作设计公司的产品团队邀请同学们对音乐App进行创意设计，探索音乐App的产品关键词与衍生关键词，并进行资料收集。通过充分的资料收集与分析，完成音乐App情绪板制作，为产品创意提供方向。

活动思考

问题1：情绪板是什么？它有什么作用？

问题2：目前市场上音乐类App的设计风格有哪些？为什么选择这样的风格？

问题3：情绪板的制作流程是什么？

思想提升

“问渠那得清如许？为有源头活水来。”这是朱熹在《观书有感》中的经典名句。这句诗表面是写水因为有源头活水不断注入才“清如许”，实则预示人要不断获取新知，才能达到至高的境界。作为未来的设计师，在UI设计界面风格的探索方面，谈谈你对这句话的体会。

工作任务实施

活动步骤	活动要求	活动安排	活动记录
步骤1：竞品分析	以小组为单位，分析目前市场上音乐类App的主要风格	具体活动1：小组分工合作搜索音乐类App竞品	
		具体活动2：小组讨论分析竞品的产品关键词与设计风格	
步骤2：确定音乐App产品原生关键词与衍生关键词	小组讨论确定产品原生关键词与衍生关键词	具体活动1：根据竞品分析结果，小组讨论确定音乐App的关键词，明确产品定位	
		具体活动2：根据关键词，小组发散思维，确定出产品衍生关键词	
步骤3：进行情绪板资料收集与整理	小组分工合作完成情绪板资料的收集，并对资料进行整理	具体活动1：小组分工合作，根据关键词和衍生关键词展开资料收集	
		具体活动2：对资料进行分类整理，删除无用资料，保留有用资料	
步骤4：输出情绪板	小组合作输出情绪板，并进行汇报	具体活动1：按照界面、图标、颜色、字体、海报、背景等几方面，将情绪板资料进行布局整合	
		具体活动2：小组整理汇报稿，汇报小组情绪板与学习收获	

评价与总结

<table>
<tr><th>一级指标</th><th>二级指标</th><th>评价内容</th><th>分值</th><th>自评</th><th>互评</th><th>教师</th><th>企业专家</th></tr>
<tr><td rowspan="5">学习过程（50分）</td><td rowspan="3">学习能力</td><td>能够通过自学线上资源，完成自测</td><td>5</td><td></td><td></td><td></td><td></td></tr>
<tr><td>能够按照情绪板制作流程开展工作</td><td>10</td><td></td><td></td><td></td><td></td></tr>
<tr><td>能够发散思维，完成情绪板资料收集</td><td>15</td><td></td><td></td><td></td><td></td></tr>
<tr><td>小组协作能力</td><td>能够在小组讨论中与他人交流自己的想法，输出有价值的观点</td><td>10</td><td></td><td></td><td></td><td></td></tr>
<tr><td>表达能力</td><td>能够分享自己组的情绪板成果，表达准确流畅、逻辑清晰</td><td>10</td><td></td><td></td><td></td><td></td></tr>
<tr><td rowspan="2">作品得分（50分）</td><td rowspan="2">职业岗位能力</td><td>情绪板内容符合制作规范，能较好地表达创意思考</td><td>30</td><td></td><td></td><td></td><td></td></tr>
<tr><td>企业满意度</td><td>20</td><td></td><td></td><td></td><td></td></tr>
<tr><td>总结</td><td colspan="7"></td></tr>
</table>

老师提示

情绪板的制作过程不仅仅是找参考图这么简单。成功的情绪板既可以帮助设计师捕捉灵感，确定创意的方向，为下一步视觉设计做准备，同时也可以向客户或者团队高效传达设计理念，是非常重要的一步。

任务2 视觉设计规范

知识导入

《孟子·离娄上》中记载："离娄之明，公输子之巧，不以规矩，不能成方圆。"这句话的意思是：像从前离娄那样精明的眼睛，公输般那样的巧匠，不凭规和矩，是画不成方圆的。"规"指圆规，是木匠打制圆窗、圆门、圆桌等用来画圆的工具；"矩"是一直一横成直角的尺，是木匠打制方形门窗或桌凳必备的角尺。现在，常用"无规矩不成方圆"这句话来强调做任何事都要有一定的规矩、规则、做法，否则无法成功。UI设计中也有规矩，否则做出的UI设计作品无法使用。那UI设计中的规矩有哪些呢？

学习目标

1. 素质目标

（1）培养精益求精、严谨认真的工作态度。

（2）培养以用户为中心的设计思想。

2. 知识目标

（1）掌握界面的组成部分与尺寸标准。

（2）掌握Android 和iOS系统设计规范的区别。

（3）掌握色彩的性格特色和比例规范。

（4）掌握界面字体规范。

3. 能力目标

（1）能够根据不同系统的设计规范完成UI设计。

（2）能够根据产品页面内容，合理设计页面内各部分内容的尺寸与间距。

（3）能够根据产品特色选择合适的配色方案。

（4）能够按照系统规范正确设置界面字体的规范。

知识准备

UI设计作品是要在设备上运行的，不同的设备有不同的要求。为了确保界面作品能够真正在设备上运行起来，就需要掌握UI设计的相关规范。Android、iOS、鸿蒙等各种系统都有自己的UI设计规范。UI设计师在工作中掌握规范，就是掌握UI设计的必备条件、规则、约束和限制，确保自己做出来的东西具备可用性。

规范可以分为两个大类：规则和建议。规则是指硬性规定，即这个规范说什么就是什么，不以产品、设计、开发等个人意志为转移。例如，界面最上方的状态栏显示时间和电量等信息，不可以要求将状态栏改为其他内容；iOS系统长度单位为pt，不能按照Android系统的dp和sp进行设计。这类规范是最容易掌握的，因为是不可更改的，只要按照这个标准做就可以了。而建议则是行业或企业官方建议设计师这么操作，如果实际工作中发现有些建议的数值不是很合适，也可以按照实际项目需求进行调整。例如，iOS系统和Material Design都建议使用8的倍数设置元素尺寸，但是有时候搜索框的高度为40pt也是可以的。

在UI设计中，必须遵守的规则类内容比较少，而且随着手机设备的更新换代，固定不变的尺寸规则越来越少。大部分界面规范为建议性内容，需要设计师不断学习、思考，逐渐积累经验，才能设计出优秀的作品。所以在学习UI设计规范时，设计师需要对规范进行灵活思考，学会变通，结合时代的发展变化不断学习UI设计规范的最新内容。

1. 界面尺寸

界面视觉设计规范

（1）iOS系统尺寸。iOS是由苹果公司开发的用在iPhone、iPad、iPod touch和Apple TV上的移动操作系统，其原名为iPhone OS，因在iPad、iPhone、iPod touch上都有使用，所以在2010年苹果全球开发者大会上宣布改名为iOS。

苹果手机在iPhoneX诞生之后正式进入全面屏移动时代，在UI的尺寸与规范上也有了较大变化。在iPhone6到iPhone8的时代，苹果手机分辨率为750px × 1334px，为2倍图，由于其市场占比较高，通常将该尺寸作为App界面设计的基准尺寸，可向上或向下适配。向下适配符合2倍大小的界面，向上适配可以输出3倍图。在2023年后，市面上以iPhone13、14、15系列为主，3倍图较多，2倍图的手机逐渐退出市场。现在企业一般以1242px × 2688px为设计基准尺寸，方便在不同机型之间进行适配。

除了界面尺寸与显示规格，iOS的界面中对状态栏、导航栏、标签栏也有严格的尺寸要求，遵循相关的设计规范可有效提高最终UI设计的适配度。了解与掌握iOS的栏高度，有利于在界面图标设计的实际应用中更精确、有效地实现设计方案。状态栏、导航栏、标签栏在界面中的尺寸如图4-24所示。

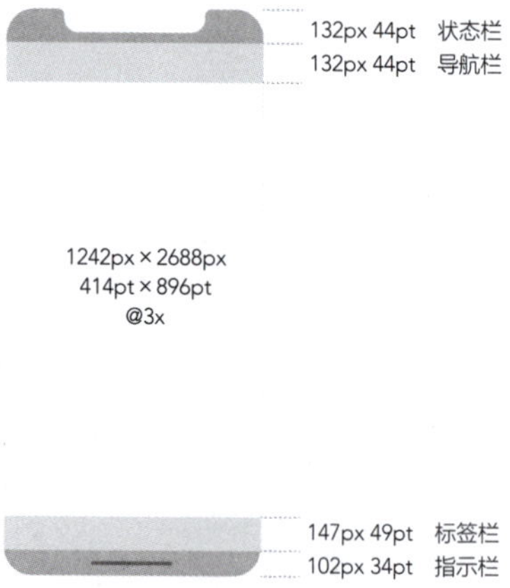

图4-24 iOS界面尺寸

不同型号设备的状态栏高度不同。iOS 14之前，iPhone状态栏高度只有两种：全面屏44pt和非全面屏20pt；从iOS 14开始，全面屏iPhone的状态栏高度不再固定44pt，而是在不同型号之间有所区分。状态栏为iOS固定版式，该部分无须视觉设计师进行设计，所以界面可以先按照414pt×896pt进行设计，后期交由开发工程师进行适配。状态栏颜色与导航栏颜色一般一致，这样可以较好地展现界面的整体感。

导航栏尺寸为44pt（132px），其内容需要根据App具体功能进行安排，不是固定不变的。

标签栏通常位于界面底部，高度为49pt（147px）。标签栏虽然是App界面的主要导航内容，但是由于常位于界面底部，可以弱化。

全面屏手机中需要注意底部指示栏的高度为34pt（102px），这部分不可放置任何内容，避免与手机系统原有的交互行为相干扰，带来不好的用户体验。UI设计师创建画布后，第一件事就应该是从官方组件库中将标签栏和指示栏两个元素置入画布中，进行居中和顶/底部对齐。切记要考虑它们背景元素的色彩，确保两个控件能被正常显示。状态栏和指示栏的案例示范如图4-25所示。

图4-25　状态栏和指示栏的案例示范

UI设计除了关注竖屏尺寸，还需要关注手机横屏时的尺寸，图4-26总结了不同型号iPhone的各部分高度。

iPhone型号	状态	状态	导航	导航	tabbar	tabbar
iPhone型号	竖屏	横屏	竖屏	横屏	竖屏	横屏
5s/SE/6/6s/7(iOS 10)	20	20	44	32	49	49
5s/SE/6/6s/7/8(iOS 11)	20	20	44	32	49	32
6/6s/7/8 Plus	20	20	44	44	49	49
X/XS/11 Pro	44	0	44	32	83(49+34)	53(32+21)
XS Max/11 Pro Max	44	0	44	44	83(49+34)	70(49+21)
XR/11(iOS 13)	44	0	44	44	83(49+34)	70(49+21)
XR/11(iOS 14)	48	0	44	44	83(49+34)	70(49+21)
12/13 mini	50	0	44	32	83(49+34)	53(32+21)
12/13/14、12/13 Pro	47	0	44	32	83(49+34)	53(32+21)
12/13 Pro Max、14 Plus	47	0	44	44	83(49+34)	70(49+21)
14 Pro	59	0	44	32	83(49+34)	53(32+21)
14 Pro Max	59	0	44	44	83(49+34)	70(49+21)

图4-26　不同型号iPhone各部分高度

（2）Android系统尺寸。目前中国市场中使用原生Android系统的手机很少，大部分公司为节约资源，基本会按照iOS系统要求设计界面，然后再适配到Android系统手机中。目前企业工作中，大部分按照1080px×1920px的设计稿尺寸进行设计，分辨率为xxhdpi，像素比例是3倍。在这个基础上，可以向上适配xxxhdpi（像素比例4倍）的界面。Android系统的设计规范为Material Design。

Android 系统发展史

Android系统中App界面屏幕通常由4个部分组成：状态栏、应用栏、内容区、底部导航栏。内容区是放置主要内容的地方，如文本、图像、插图、视频等。状态栏、应用栏、底部导航栏的高度参考如图4-27所示。

图4-27 Android系统界面尺寸

应用栏与iOS系统的导航栏功能一致，通常根据App的具体功能设置标题文字或者功能图标等。Material Design的建议数值如图4-28所示。

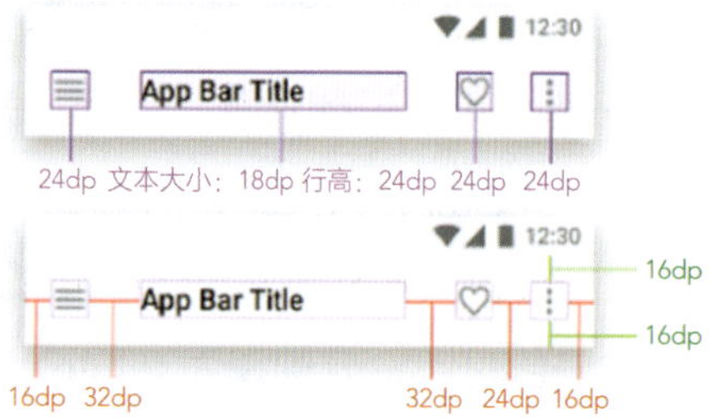

图4-28 Android系统应用栏建议尺寸

（3）边距和间距。

①全局边距：手机界面左右两边需要留出一定的边距，方便用户查看手机中的内容。全局边距是指页面板块内容到页面边缘之间的距离，官方推荐的iOS系统的边距为16pt，具体边距数值需要根据产品内容确定。

全局边距的主要作用如下。

a.视觉统一性：全局边距可以使整体页面的图片与文字更加和谐，不会出现图片过大、过于突出的情况。如果一个App设定了全局边距，那么除特殊情况外，App的所有页面也应统一使用此边距进行规范，由此达到视觉的统一。

b.设计美观性：合理的全局边距设定使整体页面看起来更加简洁美观，适合长时间阅读。根据UI设计的版式风格与图标数量等内容的差异，不同App中的全局边距设定会有区别：功能比较简单的App，内容比较少，可以设置较大边距，如爱彼迎App的全局边距为15pt，如图4-29（a）所示；功能复杂且内容较多的App，可以设置较小边距，如淘宝App的全局边距为10pt，如图4-29（b）所示。

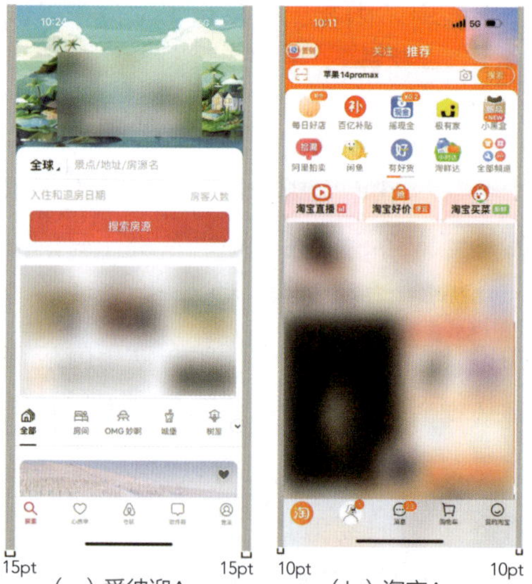

（a）爱彼迎App （b）淘宝App

图4-29 爱彼迎App和淘宝App全局边距

②卡片间距：在UI设计中，卡片式设计是一种较为常用的形式，其特点是用色块背景将信息分组、分类，从而清晰地区分不同组别的内容，使页面空间

得到更好的利用。

页面中的卡片间距根据承载信息内容的多少来界定，通常不小于8pt。边距过小或过大都会降低信息传达的效率，当信息量较少时，边距可适当放大，如iOS系统设置里页面卡片间距为35pt，如图4-30（a）所示；App Store里卡片间距为30pt，如图4-30（b）所示；微信订阅号里卡片边距为20pt，如图4-30（c）所示。

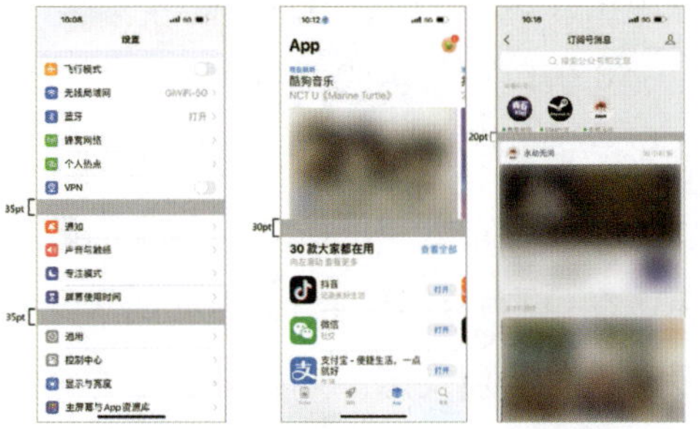

（a）设置　（b）App Store　（c）微信订阅号

图4-30　**界面中的卡片间距**

2. 界面色彩设计

UI设计作品是要与用户进行交互的，区别于海报、标志等观赏性的平面作品，所以在进行界面色彩设计时，需要关注用户体验，思考色彩背后传递出的情感及用意。

（1）色彩基础。色彩由色相、饱和度、明度三要素构成，分别对应颜色种类、鲜艳度和颜色的亮暗。由这三要素延展出来的有同类色、邻近色、对比色、补色等色彩运用方式。黑、白、灰属于无彩色系。

UI设计作品应用在屏幕产品中，所以UI设计中使用RGB色彩模式。RGB（红绿蓝）颜色模型是一种加色模型，其用各种方式将光的红色、绿色和蓝色三原色相加，以再现各种颜色。该模型的名称来自3个加法原色的首字母，即红色、绿色和蓝色。

色彩的性格

（2）色彩的性格。色彩心理学研究的是色彩通过对人视觉上的刺激，而引发的人的情感和感官上的变化。通过日常生活中人们对应用色彩的经验积累，归纳总结出人类对色彩在心理上的预期感受。不同的色彩带给用户不同的感受，传递出不同的色彩性格。

①黑色：黑色代表着品质、高端、权威、严肃、稳重。作为一种无彩色，黑色能让它和其他色彩百搭：黑色+金黄色，给人一种奢华精致的感觉；黑色+银灰色，给人一种成熟稳重的感觉；黑色+红色，给人一种时尚潮流、权威的感觉。

②白色：白色代表着纯洁、简单、朴素、开放、雅致。单一使用白色通常不会引起任何情感，但是当白色与其他颜色配合使用时，可以起到很好的衬托作用，如大量的留白让其他元素脱颖而出。在UI设计中，作为无彩色的白色常用作背景色，缓和各种颜色的冲突，以衬托其他色彩，提高画面明度和文字可读性。

③灰色：灰色代表着老实、执着、严肃、压抑、沉稳。它介于黑色和白色

之间，没有色相也没有纯度，只有明度的变化。它和任何颜色都能很好地搭配，也常常用作背景色或用于突出其他彩色。灰色不像黑色那么坚硬刺眼，它更有弹性，比黑色更有深层次的力量。因此在画面中很少出现纯黑，基本都是用深灰色来代替黑色，也可以用浅灰色来代替白色。界面中的灰色一般用来表示不可操作的含义。

④红色：红色代表着喜庆、热情、欢乐、斗志、奔放，是一种充满能量的颜色。红色最能烘托气氛，在中国传统节日里都使用热闹的红色来装饰，因为红色可以让人兴奋和激动，所以每逢佳节各大电商App的活动页基本选择红色调进行设计，为的就是引发冲动，引人消费。同时，红色也代表了警示、告诫，所以在UI设计中常用红色的文字和按钮来警示用户慎重操作。

⑤橙色：橙色代表着温暖、欢乐、辉煌、健康、阳光、华丽，是一种充满朝气的颜色。橙色并不像红色那样热烈，而且它烘托出的活跃气氛没有危险的感觉，反而是友好的。因此越来越多的App避开常见的红色和蓝色，而选择橙色。

⑥黄色：黄色代表着信心、聪明、尊贵、辉煌、时尚，是一种充满活力的颜色。黄色尽管在警示效果上没有红色那么明显和强烈，但还是能给人很醒目和危险的感觉，如黄色的道路警示牌。黄色是明度极高的颜色，其鲜亮的色调使它在众多图标中显得尤为突出。

⑦绿色：绿色代表着健康、生命、青春、自然、和平、舒适，是一种充满希望的颜色。绿色给人无限的安全感，当情绪低落与消极时看一些绿色，能缓解焦虑的情绪。绿色在生活中被广泛运用，如安全出口的颜色就是绿色。但绿色的饱和度要适当控制，如高饱和度的绿色也会令人兴奋、引人注意。

⑧蓝色：蓝色代表着冷静、科技、未来、理智、商务，是一种充满理性的颜色。蓝色是天空的颜色，是大海的颜色。在色彩心理学的测试中发现，几乎没有人对蓝色反感。纯净的蓝色通常让人联想到海洋和天空，让人的内心感到平和，有助于人的头脑变得冷静。例如支付宝的主色调是蓝色，给予用户安全感、科技感。

⑨紫色：紫色代表着高贵、浪漫、优雅、梦幻、时尚，是一种充满神秘的颜色，是小孩子和有创造力的人十分喜欢的颜色。紫色的光波最短，在自然界中较少见到，所以被引申为象征高贵的色彩。紫色的明度在所有彩色的颜色中是最低的，与不同的颜色结合会展现出不同的风格特色，如紫色搭配粉色常用于女性化的产品调性。

（3）色彩对用户体验的影响。

①色彩的差异性：在不同地区、不同文化中，相同色彩会具有不同的意

义，如红色在中国是喜庆、吉祥的寓意，但在西方会有血腥、灾难的寓意。所以在设计时，需要注意界面作品使用地区的差别，避免色彩使用不当带来不好的用户体验。

②色彩交互意义：在按钮的使用中，删除按钮一般使用红色，起到警示作用，避免用户误操作，主色为红色界面的情况除外；确定按钮一般使用绿色、蓝色等，顺应界面的主色，给人视觉流畅感；不可点的按钮一般使用灰色，代表目前不能进行交互操作。

③良好的可读性：良好的可读性在UI设计中能为用户提供主次分明、层次清晰的阅读体验，而一个可读性差的界面则会成为用户浏览的障碍。那如何确保界面具有良好的可读性呢？这就需要在UI设计中注意色彩搭配的对比，如在浅色背景上使用深色文字，在深色背景上使用浅色文字，使用高对比度的亮色展示重要的元素，用低对比度的浅色来体现需要弱化的和次要的内容。图4-31所示的3种色彩搭配是错误案例，这些搭配对界面可读性产生影响。

图4-31 色彩搭配错误案例

（4）界面色彩比例规范。界面中的色彩通常可以分为背景色、主色、辅助色、点缀色，要从用户的体验角度出发，合理地分配不同色彩的比例。

①背景色：背景色是界面中面积最大的颜色，占总体色彩的70%左右，负责承载各类部件的摆放。通常为了衬托内容，大多数App都用浅灰色作为背景色，并以白色作为背景色的对比色来区分视觉层次。

为避免黑白灰带来的单调感，在设计时可以根据前景色来提取背景色，这样可以让界面色调更加统一。例如，微信读书App中的背景色是偏蓝色调的浅灰色，而不是纯灰色，背景对比色是在白色里加入了蓝色色相，而不是纯白色，整体对比较柔和，给人清爽通透的感觉，如图4-32所示。值得注意的是，设计新手为了突显主色，在界面背景中使用大量的主色，这会造成视觉干扰，不利于用户浏览界面信息，这是新手在进行界面色彩搭配时易出现的问题。

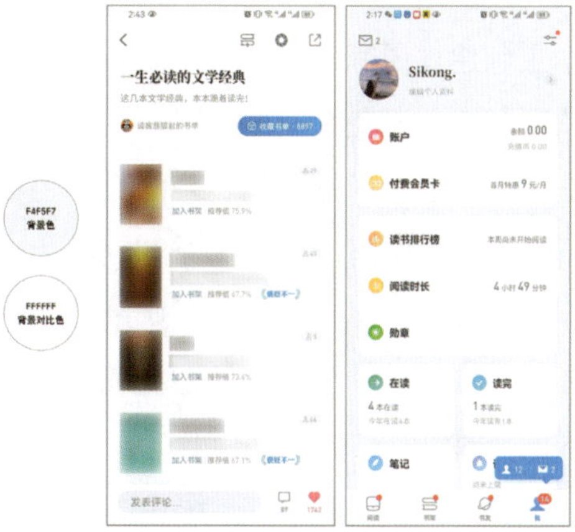

图4-32 微信读书App界面中的背景色和背景对比色

②主色：主色是指在配色中处于主导地位的色彩，给用户第一眼的印象，通常是产品的品牌色。主色最能体现成品的性格和表达功能，占界面全部色彩的20%左右。例如淘宝App的主色为橙色，应用图标整体为橙色，界面的标签栏图标、搜索图标，个人页的会员中心提示、图标右上角的信息数量提示等颜色均为橙色，延续品牌属性，如图4-33所示。

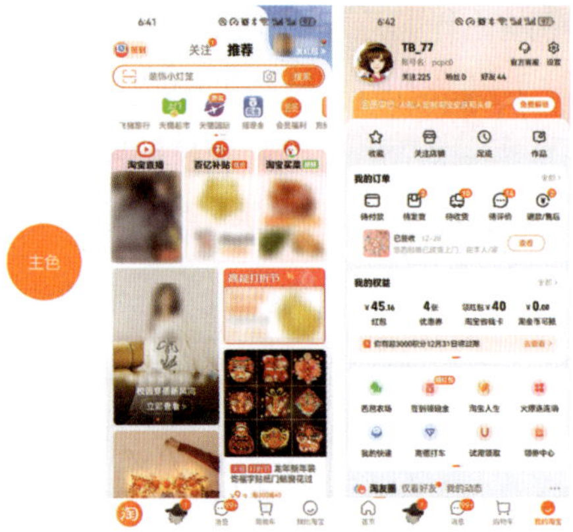

图4-33　淘宝App界面中的主色

③辅助色：辅助色与主色相辅相成，往往是进行交互提示的，它可以帮助主色建立更完整的形象，使界面丰富精彩起来，避免画面过于单一。通常，主色的邻近色、互补色、分散互补色和三角对立色都可以成为优秀的辅助色，但注意辅助色不宜过多，否则就会使界面看上去花哨，分散了主题。辅助色占界面全部色彩的7%即可。

在微信读书App中，绿色、橙色、玫红色、浅蓝色是除了主色以外使用最多的颜色，它们都是辅助色，主要用于功能图标和栏目分类上，如图4-34所示。虽然4种辅助色看起来有点多，但仔细看就会发现其实只使用了2种色彩，其他2种则是从前者邻近色中提取出来的搭配，这种搭配技巧既可以丰富色彩的搭配，传递出年轻活跃的产品气质，又保证了整体搭配的和谐统一。

图4-34　微信读书App界面中的辅助色

④点缀色：点缀色是除了主色和辅助色以外的另一种色彩，通常体现在细节上，其作用是当页面中主色和辅助色不能满足关键信息的提示时，就需要点缀色来吸引用户眼球，还有就是利用点缀色来平衡画面的冷暖色调。点缀色通常都是分散的，使用面积小，颜色非常显眼，遵循UI设计配色大和谐、小对比的原则。点缀色通常为主色的对比色，能与主色形成强烈的对比，占比只需要3%即可。

在微信读书App中，使用了香槟金、玫红和红色作为点缀色。香槟金用在文章分享按钮上；玫红色用在点赞图标上，强调其特殊性；红色用在通知及退出登录提醒上，用于警示。

图4-35　微信读书App界面中的点缀色

交管12123App的界面中内容非常多，所以为了界面内容的展示效果，背景色选用了大面积的白色，方便用户找到自己想看的内容；主色为蓝色，占20%左右，用来表示底部标签的选中状态以及用作一些重要图标的颜色和上半部分重要信息的底色；辅助色为浅蓝色，占7%左右，与主色蓝色搭配使用，增加界面的颜色层次感；点缀色为红色，与蓝色是对比色，面积占3%，用在特殊警示信息提醒上，能够很好地吸引用户视觉注意，又不会使画面太乱，如图4-36所示。

图4-36　交管12123App界面的色彩设计

（5）取色方法。调色板帮助设计师在设计项目中建立色彩规范、提高工作效率。

①图片取色：选择一张合适的图片导入Photoshop中，然后将图片进行马赛克处理，即可得到一组配色。例如，我们需要一组同色系的绿色，在专业图片网站上找一张树叶的图片，如图4-37所示。接着将图片在PS中打开，进入“滤镜—像素化—马赛克”，在打开的窗口里调节单元格大小即可。

图4-37　Photoshop马赛克取色

②人工智能网站：随着科技的发展，现在很多网站使用人工智能技术，可以直接导入图片生成配色方案，供设计师选择。例如，Muzli Colors网站能够

AI 智能识别色彩与配色规范

自动识别图片颜色，并且可以将颜色实时放置到UI样机中，进行配色预览，如图4-38所示。

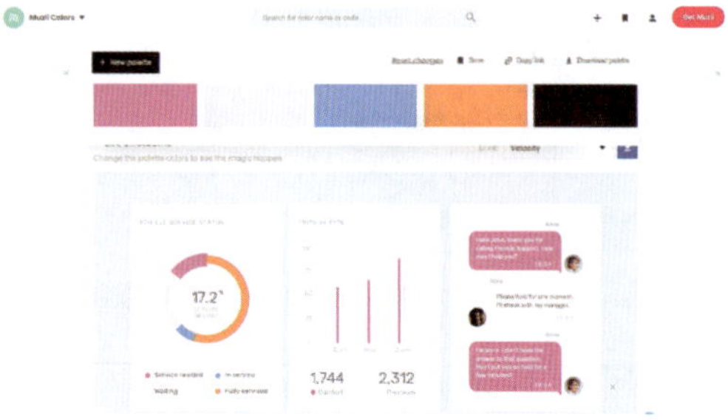

图4-38　Muzli Colors网站智能取色

3. 界面字体设计

文字是UI设计中主要的内容载体，是产品传达给用户的主要内容。界面中文字的选择直接关系界面的易读性与易用性。

界面中的字体

（1）默认字体。iOS系统的默认字体中，中文为苹方，英文和数字为SF UI Text，如图4-39（a）所示；Android系统默认字体中，中文为思源黑体，英文和数字为Roboto，如图4-39（b）所示。大部分App在设计时会使用系统默认字体，因为这是系统自带字体，无须额外增加字体安装包。如果有特殊要求的字体，则需要在安装包中增加特定字体安装文件。在进行字体选择时，需要注意中英文字体、数字字体的不同，还需要注意字体的版权问题，避免出现侵权问题。

在UI设计中，一般不可超过3种字体。太多字体会造成视觉干扰，一般1～2种字体即可。

（a）iOS系统　（b）Android系统

图4-39　iOS系统和Android系统的字体

（2）字号。不同的使用场景，文字的字号也不相同。文字的主使用场景有一级标题、二级标题、三级标题、正文和提示文字。同一等级的文字内容使用一致的字体样式，可以帮助用户形成明确的视觉层次，方便用户理解文字层级与内容。在进行字号的设置时，需要考虑用户的浏览习惯，确保字号不要太小致使难以辨认，也不要太大占据过多空间。

（3）字重。字重就是指字体笔画的粗细。字重的等级是用来标明同一字体家族中不同粗细笔画的字形，以便突出或者弱化某些信息。UI设计中，常用的字重有两个：一个是常规体（Regular），用于正常文字；另一个是中黑体（Medium），常用于标题，如图4-40所示。当需要突出层级展示、增加对比时也使用中黑体。

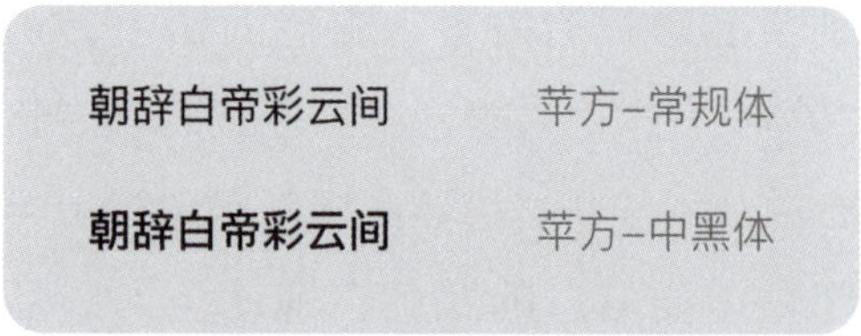

图4-40　常规体和中黑体

（4）行高。行高的设置对于提高文字的可读性非常重要。合适的行高可以使文字更加清晰，提升阅读速度与界面美观度。行高 = 字号+行间距。字号大小等于文字高度，字号为16pt时，行高设置为16pt，那么其行高也是字体本身的高度（16pt），如图4-41（a）所示。

当行间距距离文字上方为3pt，距离文字下方也为3pt，字体高度为16pt时，行高（22）= 字号（16）+行间距（3+3），如图4-41（b）所示。

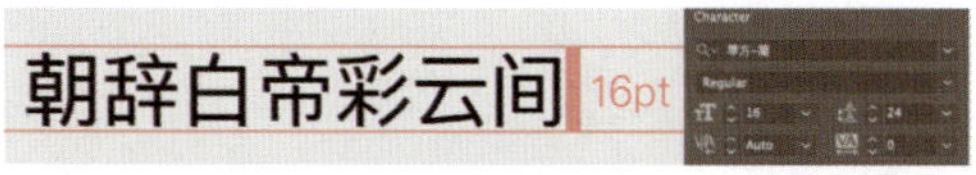

（a）行高为字体高度

（b）行高为字号加行间距

图4-41　界面中的行高

表4-1为iOS系统设计指南中建议的字号和对应的行高，设计师可以参考。

表4-1　iOS系统中字号和行高对应关系

使用场景	字重	字号/pt	行高/pt
大标题	常规体	34	41
一级标题	常规体	28	34
二级标题	常规体	22	28
三级标题	常规体	20	25
正文	常规体	17	22
标注	常规体	16	21
副标题	常规体	15	20
注解	常规体	13	18
注解一	常规体	12	16
注解二	常规体	11	13

（5）行宽。行宽=字体宽度+两侧距离字体的宽度。行宽代表着设置的文本内容范围，如图4-42所示，文本距离右侧语音图标为12pt，表示当文字内容距离语音图标12pt时，文字打点或截断展示。

图4-42　行宽

（6）颜色。字体颜色有两种规则定义做法：一种是直接使用色值，如图4-43所示；另一种是通过不透明度实现，通常以#000000为基准，设置不同的透明度，如图4-44所示。

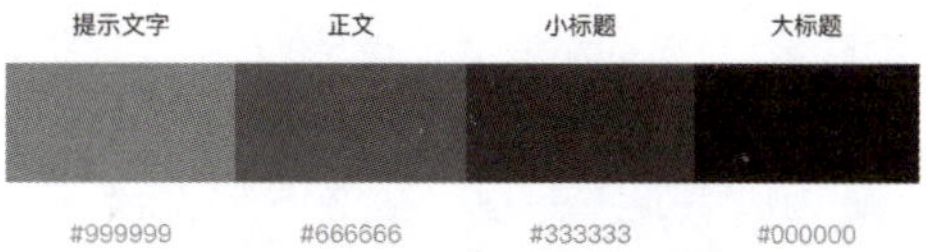

图4-43　字体颜色的色值

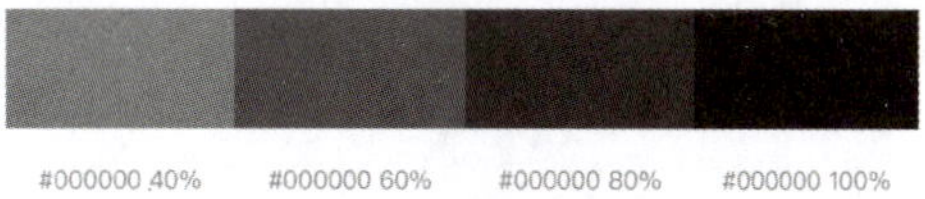

图4-44　字体颜色的透明度

综合而言，透明度方法的使用场景更加广泛一些。字体颜色的选择应该与背景颜色有较大的对比性，确保文字能够清晰可见。如果文字信息中有需要突出强调的内容，可以使用特殊的字体效果进行突出显示。在UI设计中，除了设置合适的字体、字号、字重、行距等内容，还需要考虑不同平台和语言环境转变可能会出现的问题。

工作任务 音乐App界面视觉色彩与文字设计

学生工作手册

工作情景描述

校企合作设计公司的产品团队邀请同学们对音乐App进行创意设计，探索音乐App的产品创意方向，根据已经完成的产品情绪板，按照界面设计色彩与文字要求，输出音乐App的色彩与文字规范。

活动思考

问题1：色彩在UI设计中的作用是什么？

问题2：界面中的色彩通常可以分为哪几类？这些色彩在UI设计中的比例是如何分配的？

问题3：iOS系统和Android系统的默认字体是什么？

思想提升

习近平总书记在党的二十大报告中指出："必须坚持守正创新。我们从事的是前无古人的伟大事业，守正才能不迷失方向、不犯颠覆性错误，创新才能把握时代、引领时代。"学习本任务之后，你对UI设计的"守正"和"创新"有了什么新的认识？

工作任务实施

活动步骤	活动要求	活动安排	活动记录
步骤1：确定配色方案	以小组为单位，使用工具提取界面色彩，确定色彩方案	具体活动1：小组合作，探索各种人工智能色彩搭配网站的用法	
		具体活动2：小组合作，选择一个合适的工具，从制作完成的情绪板中提取音乐App的色彩	
		具体活动3：小组自主选择配色工具，确定音乐App的色彩搭配方案	
步骤2：确定字体规范	小组根据界面规范要求，讨论确定字体规范	具体活动1：选择音乐App竞品，测量竞品界面中的文字大小，整理竞品文字规范	
		具体活动2：根据所学字体规范，制定自己小组App的字体规范	
		具体活动3：将自己小组制定的字体规范与竞品的字体规范进行对比，分析差异与相同之处，并分析原因	

评价与总结

一级指标	二级指标	评价内容	分值	自评	互评	教师	企业专家
学习过程（50分）	学习能力	能够通过自学线上资源，完成自测	5				
		能够根据色彩性格，确定界面色彩方案	10				
		能够通过对比分析，思考自己设计的优点与短板	15				
	小组协作能力	能够在小组讨论中与他人交流自己的想法，输出有价值的观点	10				
	表达能力	能够分享自己组的色彩与字体规范成果，表达准确流畅、逻辑清晰	10				
作品得分（50分）	职业岗位能力	界面色彩与字体规范符合界面设计规范要求	30				
		企业满意度	20				
总结							

老师提示

做设计时，如果仅凭借自己的经验和感觉去绘制，往往导致做出的界面不够规范。每个成熟的互联网产品都要建立自己的设计规范，既能保持设计的一致性，也能提升工作效率。

任务3 图标设计

知识导入

你手机中QQ、微信、淘宝这些App的图标是什么样子的？大家脱口而出的是企鹅、聊天气泡、橙色的“淘”字。这些符号信息是App在用户心中留下的深刻烙印，便于在众多App中脱颖而出，保持良好的辨识度。

在界面中，除了应用图标，应用内部界面的收藏、转发等功能图标，也是用户都已熟知和习惯的。正是因为有了各种图标的存在，让用户在使用界面时更加轻松顺畅。

在设计中需要怎么做，才能设计出好看又好用的图标？本任务是学习图标设计的相关知识，了解图标的应用场景、设计风格、设计原则等内容。

学习目标

1. 素质目标

（1）培养以用户为中心的设计思想。

（2）培养严谨认真的工作态度。

2. 知识目标

（1）掌握图标的应用场景。

（2）掌握图标的分类。

（3）掌握图标的风格。

3. 能力目标

（1）能够根据图标设计规范，完成界面功能图标绘制。

（2）能够根据图标设计原则，设计出符合产品特性的应用图标。

知识准备

在UI设计中，图标作为重要的视觉元素扮演着不可或缺的角色。尽管图标所占空间相对较小，却是衡量设计师基本功的重要体现。界面中的图标通过将显示内容图形化的形式，将功能本意高度浓缩成一个图标，通过视觉隐喻更快地让用户理解功能。图形与文字相比更加生动形象，视觉效果更强，更便于记忆，用户可以根据图形快速定位功能位置。

1. 图标分类及应用场景

图标分类及应用场景

在移动应用中，图标一般分为功能图标和应用图标两类。功能图标是在应用程序的内部界面中用来表示特定功能的图标；应用图标可以让用户点击后进入对应的应用程序中。

在UI设计中，图标不是孤立存在

的，设计师需要结合应用程序的产品设计、原型设计，分析图标使用场景，设计出合适的图标。图标的使用场景有以下几种。

（1）应用图标。应用图标是指用于帮助用户查找和启动应用程序的可视指示器，通常出现在桌面、主屏幕、应用商店、设置等场景中。用户可以通过点击应用图标进入应用。应用图标需要在同类App中脱颖而出，视觉上要够抢眼，风格上能传达行业属性和品牌调性，如图4-45所示。

（a）美团　　（b）淘宝　　（c）优酷

图4-45　**各类App的应用图标**

（2）功能入口。功能图标应用在App界面内，作为流量分发的出口很重要，在体量感上要够重、够突出，如图4-46所示。

图4-46　**功能图标用于功能入口**

（3）TAB底部导航。功能图标用于标签栏如图4-47所示。虽然用于标签栏的功能图标很重要，但由于常驻底部，且用户已经熟悉使用方法，所以设计中可弱化。

图4-47　**功能图标用于标签栏**

（4）列表流、网格布局、标题点缀部分。这些图标属于界面中的次重点，图标设计时在视觉效果上次突出即可，如图4-48所示。

（a）列表流　　（b）标题点缀

图4-48　**功能图标的点缀作用**

（5）辅助/装饰部分图标。这些图标起到辅助装饰作用，在视觉效果设计上要最弱，不可抢占界面主体，如图4-49所示。

图4-49　**功能图标的辅助装饰作用**

（6）活动入口。如果图标作为一个主推的活动入口，视觉设计上需要能引人注意，如图4-50所示。

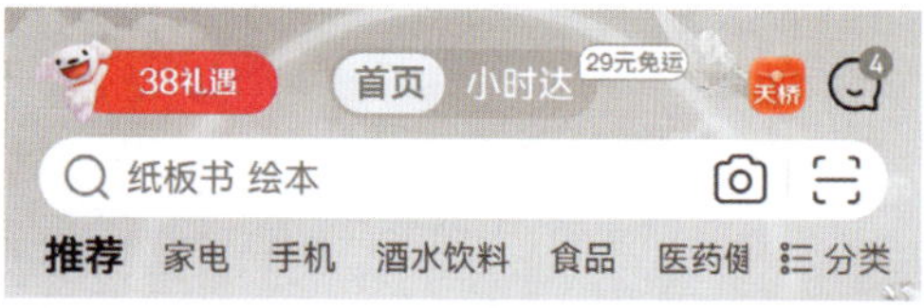

图4-50　**功能图标用于活动入口**

无论是从应用程序全局还是从单个页面来看，图标设计时需要根据界面内容的主次顺序，注意相应的视觉比重程度。影响图标视觉比重的因素有大小、颜色、细节元素等。应用中重要的功能和希望用户关注的图标，一般使用面性图标进行设计，且可以使用多种设计手法完成图标的绘制，呈现出特定的视觉风格和特点；次重要图标和需要弱化的功能图标，可以使用线面结合图标或者线性图标。

2. 功能图标的设计

功能图标的设计

（1）功能图标设计风格。

①线性图标：线性图标主要还是由线组成，设计师可以通过改变线的粗细、端点、圆角大小或加入一些面性元素来使线性图标更加丰富、有趣，但整体来说纯线性图标更纤细、简洁，视觉冲击力稍弱。

a.单色线性图标：单色图标是线性图标最基础的表达方式，这种设计风格单调、视觉冲击力较差，如图4-51所示，但是制作难度低，设计所耗费的时间少，因此常常会出现在个人中心页中和仅需要有图标显示功能入口以及设计要求并不高的功能模块中。

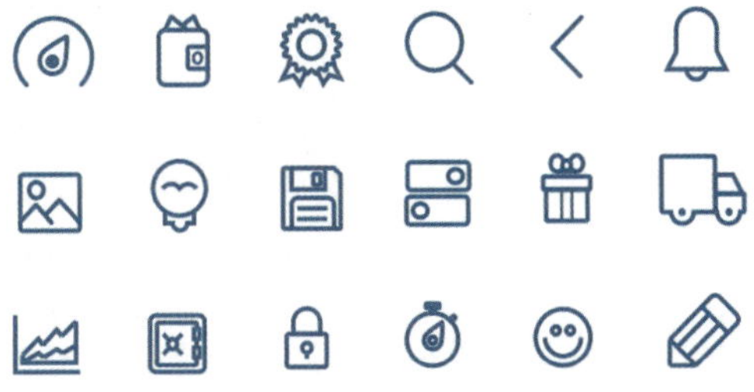

图4-51　单色线性图标

b.双色线性图标：双色线性图标与单色线性图标相比，视觉冲击力更强一些，应用范围更广，通常会融入品牌主色，是除了线面图标外出现在首页中的线性图标，如图4-52所示。双色线性图标可以加入品牌色，增强品牌感的同时使图标增加设计感，不会像单色线性图标那么单调乏味，因此双色线性图标也会以“次要功能”的形式出现在首页当中。

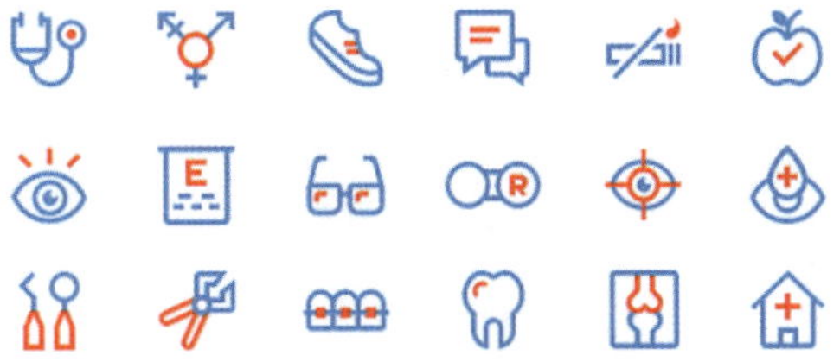

图4-52　双色线性图标

例如，在去哪儿旅行App中，页面已经存在一组视觉冲击、视觉层级更高的面性图标，如图4-53所示，但是因为业务需求要露出更多功能入口，因此就可以使用线性图标这种视觉冲击力弱一点的图标进行搭配，既不会抢走主视觉，也能满足业务需求。

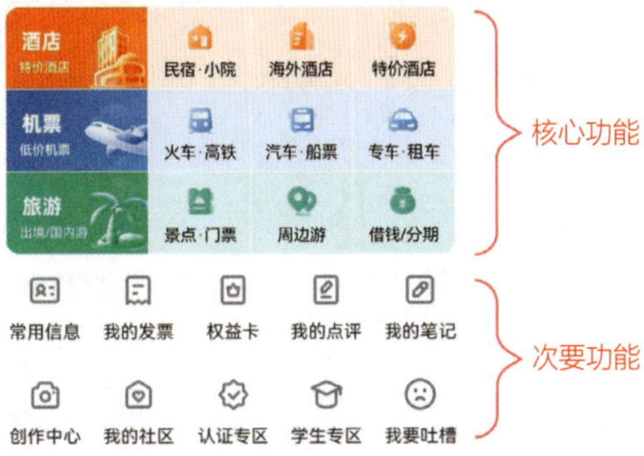

图4-53　去哪儿旅行App中的图标

c.线面结合图标：在原本的线性图

标上加入色块，就会产生新的设计风格——线面结合图标，如图4-54所示。线面结合图标比较特殊，其视觉层级会随着图标中包含的色块大小而变化，色块越大，视觉冲击力也越强。因此在设计线面结合图标时，要先确定图标在该页面中的重要程度，如果是主要功能则将色块的占比加大。

图4-54 线面结合图标

② 面性图标：设计师通过改变色块、圆角、正负形和底托等元素，让面性图标呈现不同的设计风格。但无论是哪种设计风格，面性图标视觉冲击力相比线性图标都会更强，因此市面上大多数核心功能都会用到面性图标来提高功能的设计层级，让功能在页面中更加突出。

a.扁平风格图标：扁平风格图标主要由纯色和简单图形构成，图标整体没有渐变、高光、阴影等装饰性设计效果，表现出简约时尚的美感，更突出功能本身，如图4-55所示。该图标功能性更强，制作成本更低，曾经也风靡一时。但扁平风格图标缺少亮点，导致图标同质化严重，很难被人记住，容易让用户感觉界面冷淡，因此现在很少被使用。

图4-55 扁平风格图标

b.渐变色块图标：渐变色块图标在扁平风格图标的基础上，在色块上添加渐变色，在保留了原来图标的功能性上，使图标色彩更加丰富，如图4-56所示。在不同类型的软件中都可以使用渐变色块图标，它算是一种比较百搭的图标风格。同时，渐变色块图标也是很多面性图标的组合基础，在渐变色块图标的基础上还可以添加不同的效果形成不同的设计风格。

图4-56 渐变色块图标

c.图层叠加图标：图层叠加风格的图标看上去像两个透明图层叠加在一起的感觉，该类图标层次感强，细节也更加丰富，风格更新颖、更年轻化，如图4-57所示。因此，如果在设计一个年轻人使用或者希望打造年轻化页面感受的时候，可以尝试使用图层叠加图标。但是需要注意图层叠加的图标，并不是通过透明图层叠加完成的，重叠在一起的色块是通过布尔运算得到的。绘制图标时，图标本身不要使用带有透明度的颜色，避免在不同的使用场景中不利于与背景区分。

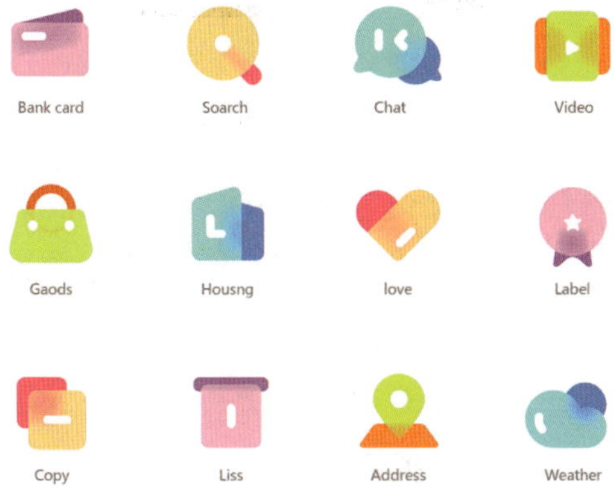

图4-57 图层叠加图标

③写实类图标：写实类图标模拟现实中的物体，更贴近生活，用户对这类图标的理解能力也更强，但这类图标绘制难度更高，绘制时间也更长。写实类图标除了基本的色块组合、颜色搭配外，还有更多的透视与光影来增强实感，常常用在运营设计上，或用在一些特殊界面模块从而增强视觉层级。

a.轻拟物图标：轻拟物图标的元素比较复杂，视觉冲击力强，如图4-58所示。这类图标放在界面上有可能会抢走用户对核心内容的关注度，通常会运用在运营设计长图、弹窗、核心功能等模块中。绘制轻拟物图标时，需要注意光影的打造。轻拟物图标较少出现在界面内部，很多情况下用于应用程序的图标。

图4-58 轻拟物图标

b.2.5D风格图标：2.5D是一种偏卡通、像素画风格的扁平设计类型，有更强的趣味性和层次感，在移动界面中的应用较少，常常运用在科技类网站的设计中。设计时，需要注意2.5D风格图标的光影关系需要一致，避免造成视觉干扰，如图4-59所示。

图4-59 2.5D风格图标

c.拟物风格图标：拟物风格图标通常在绘制时模拟现实物品的造型和质感，注重物体本身的纹理等细节，绘制时要尽量逼真，如图4-60所示。

图4-60 拟物风格图标

④实物贴图图标：这类图标采用了真实摄影物体的设计风格，一般出现在生鲜类、药品类、潮流电商类产品中，因为使用图标很难将这些类型概括起来，直接使用图片展示更加直观。但由于图片细节、元素更多更复杂，使用太

多会使图标看起来很杂乱，如图4-61所示。

图4-61　**实物贴图图标**

（2）功能图标设计原则。功能图标具有图形化的符号，比文字更加直观，符合普罗大众的认知习惯，有助于用户形成记忆思维，提高应用的易用性。功能图标的设计原则有三点：表意准确、美观度、风格统一。

①表意准确：功能图标代表的是应用程序的各种操作功能，所以必须能够准确将其表达，避免用户理解错误或者找不到功能入口。在进行图标设计时，需要注意保持原有特征，不可过度简化，也不可过度复杂。例如设计一个闹钟图标，则需要突出闹钟明显的铃铛标志，如图4-62（a）所示，只保留闹钟表盘元素会让人以为是时钟的意思。同时，需要注意用户已经熟知的功能图标的含义，不可违背大众理解而重新设计。例如飞行模式图标，都是向上飞行的飞机模样，如图4-62（b）所示，若换成战斗机的模样，则会让用户难以理解，干扰正常使用。成功的图标设计，不仅要让图标本身易于理解，而且要让不同文化背景、年龄段、知识背景的人都能理解。

（a）闹钟图标　　（b）飞行模式图标

图4-62　**功能图标要表意准确**

②美观度：功能图标具有引导和提升界面美观度的作用，所以图标的设计要结合产品的特性选择合适的设计风格、合理的视觉比重程度，在保证功能性的前提下提升界面的整体视觉效果。

③风格统一：界面中的功能图标会有很多个，需要针对图标不同应用场景进行设计，确保图标呈现的效果整体、造型规则、圆角尺寸、线框粗细、样式、细节特征等的统一，让同一等级的功能图标的外观整体一致。

3. 应用图标的设计

应用图标的设计

（1）应用图标分类。

①文字类应用图标：文字具有排他性，能够给予图标很强的识别性。一些应用程序会选择使用产品名称中最具代表性的单个或者两个文字、数字、英文等进行字体设计，例如支付宝应用图标的“支”和淘宝应用图标的“淘”，都

可以让用户快速定位应用，具有很强的识别性，如图4-63所示。

图4-63　文字类应用图标

②图形类应用图标：图标讲究隐喻，通过具有关联性的图形可以让用户联想到应用的主要功能或者主要特点，如微信App的聊天气泡、QQ音乐App的音乐符号、效率类App的对号图标等，如图4-64所示。

图4-64　图形类应用图标

③插画类应用图标：插画可以带给用户亲切的感受，并且易于被用户记住，游戏类、幼儿教育类等应用可以使用主要游戏角色、产品IP形象作为应用图标主形象，如图4-65所示。

图4-65　插画类应用图标

④拟物类应用图标：拟物类应用图标要尽量还原生活中真实物品的样子，利用实体物品说明应用用途，如图4-66所示。这种表现方法能够直观地展现应用的使用方式和操作内容，让用户能直接清楚地了解这些应用。

图4-66　拟物类应用图标

（2）应用图标设计原则。

①识别性：应用图标代表一个产品的属性和功能作用，要易于理解。很好地传达出产品的定位，让用户一眼就能够感知到这个应用的属性和功能。因为图标相对较小，能否清晰辨认显得尤为重要，但是图标设计过于缺乏细节又会显得非常单调，所以在设计过程中要注意把控。应用图标不要过于复杂，要能让用户很容易识别和记忆，在不同的应用场景下都能够清晰识别，如图4-67所示。

图4-67　应用图标要具有识别性

②差异性：应用图标数量巨大，同类图标造型十分相近、同质化严重。为了确保应用图标可以让人一眼辨认出来，需要做好设计调研，了解市场同类

竞争应用的应用图标设计，借鉴竞品的优点，在突出自身产品核心特征、属性的基础上，还要用不同的表现手法突出其差异性，给用户留下独特的印象，避免同质化。图4-68为Wi-Fi类App的应用图标。

图4-68　Wi-Fi类App的应用图标

③关联性：应用图标要与名称有关联性；与产品的功能属性有关联性；品牌深厚的企业进军移动互联网或进入新的领域时，与原有品牌有关联性，让品牌的积淀继续发挥作用，并且让品牌形象延续从而赋予品牌更强的生命力。这些关联性让用户对产品有更好的认知，降低认知成本可以提高用户下载意愿。

例如，QQ使用了企鹅Logo作为移动应用的图标，使用户可以从电脑端到移动端无缝衔接，快速找到QQ应用；爱奇艺使用品牌的主题色绿色设计应用图标，强化用户对产品的记忆感知；美团外卖使用品牌吉祥物黄色袋鼠作为应用图标，可以在短时间内被用户捕捉；若暗示和隐喻方法无法找到合适图形让用户记住应用，可以尝试使用产品名称作为图标，如小红书的应用图标，如图4-69所示。

图4-69　应用图标要具有关联性

④规范性：iOS系统和Android系统为了界面显示的美观度与整体性，针对图标尺寸提出了要求，设计出了栅格系统作为图标设计的参考，如图4-70所示，让设计师完成的应用图标和系统的图标规范保持一致，保证用户手机屏幕上的应用图标风格的一致性，不会让用户感觉到系统桌面的凌乱，营造出良好的用户体验。

图4-70　应用图标的设计栅格

应用图标不仅展示在各种尺寸的手机屏幕上，也会在应用市场、设置栏、手机状态栏等多处进行展示。所以在设计时需要考虑到图标的不同展示场景，并做出相应的优化调整。在不同场景下应用图标需要根据需求做相对应的设计优化，例如应用图标在状态栏展示的时候就应适当地做一些简化，以保证在超小尺寸场景下的图标也能清晰展示。如果在大尺寸的场景下进行展示，也应该适当地添加一些设计细节，来保证应用图标的品质，避免给用户带来简单粗糙的视觉印象。

4. 图标设计尺寸规范

在界面图标设计中最常用尺寸有12px × 12px、16px × 16px、24px × 24px、32px × 32px、48px × 48px等，一般以48px作为常规图标的设计尺寸。因为iOS系统界面中的网格尺寸是4的倍数，所以苹果规范要求最小点击面积为44pt；Android系统界面中的网格尺寸是8的倍数，最小操作热区为48dp。

知识链接

热区，即可点击的焦点区域，是指界面中可交互的部分（即可点击的地方），交互后会引发一个事件。

图4-71所示为App界面中不同尺寸的图标。不同位置的图标功能和作用不同，所以尺寸也不同。例如，金刚区的图标起到功能引导作用，便于用户快速访问相应功能，图标视觉效果需要突出、尺寸稍大；装饰点缀的图标起到界面视觉辅助作用，不需要很突出，所以尺寸会比较小。

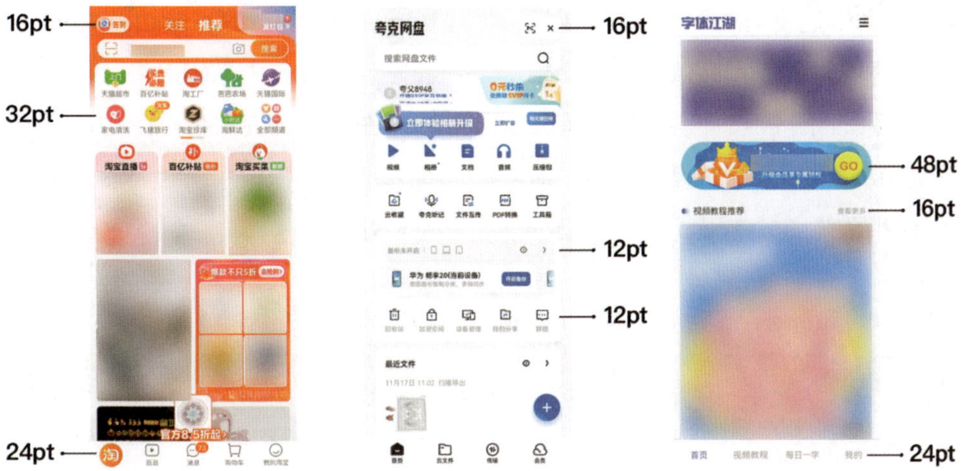

图4-71　不同尺寸的图标

通常设计师只需要选择一个通用的尺寸来绘制，然后让开发人员根据倍数调整可能需要的尺寸即可，这样就不用一遍又一遍地去绘制不同大小的相同图标了。

不过当图标涉及一些复杂细节时，还是需要根据尺寸大小单独绘制。例如系统图标可能是24px，但是营销图标是

80px，两者的使用差别会很大，那么设计师就需要为那些较大尺寸的图标添加一些细节，如图4-72所示。建议从最大的尺寸开始绘制，然后依次绘制小一点尺寸的图标，因为删除和简化细节要比添加细节容易得多，也能最大程度地保留图标的原始状态。

图4-72　不同尺寸大小的图标

系统图标是应用于系统内的基础图标，如PC端、网页端和App等应用内的导航、按钮、列表、弹窗内的图标。系统图标不同于富有细节的修饰性图标，清晰明确地传达交互目的是其首要任务，其次是可复用性和高效率。因此相较而言，系统图标的设计得更加精练。iOS系统和Android系统在设计规范中对应用图标和系统图标的设计给予了指导意见。功能入口、活动入口处比较复杂的图标可以参考应用图标和系统图标的要求进行设计。下面主要针对应用图标和系统图标，分别介绍iOS系统和Android系统的图标尺寸规范。

（1）iOS应用图标。在iOS系统中，App Store应用图标尺寸要求为1024px×1024px。设计师设计时，通常只用设计一个App Store的图标即可，其他尺寸的图标可用iOS图标生成器自动输出。苹果官网的开发者文档详细描述了不同设备的应用图标尺寸标准和要求。应用程序的大图标输出对应的小图标后，需要注意图标缩小后的细节呈现问题，可以适当删除一些内容。在iOS系统中，搜索（Spotlight Icons）、设置（Settings Icons）和通知（Notification Icons）位置会显示小图标。具体尺寸如表4-2所示。应用图标设计完成后输出时，需要输出正方形的图标，系统会自动进行圆角的遮罩处理。

表4-2　iOS应用图标在不同使用场景下的尺寸　　单位：px

设备	iPhone（@2x）	iPhone（@3x）	iPad Pro	iPad/iPad mini
主屏幕图标	120×120	180×180	167×167	152×152
搜索图标	80×80	120×120	80×80	80×80
设置图标	58×58	87×87	58×58	58×58
通知图标	76×76	114×114	76×76	76×76

（2）iOS系统图标。

①导航栏和工具栏图标：导航栏和工具栏中的图标如图4-73所示，这两处图标的大小都是24pt×24pt，最大不超过

28pt×28pt。若使用 Sketch、Adobe XD 等矢量工具设计，可以参照逻辑像素数值。

图4-73　导航栏和工具栏中的图标

②标签栏图标：iOS规范中标签栏一般由3～5个图标组成，宽度平分，如图4-74所示。

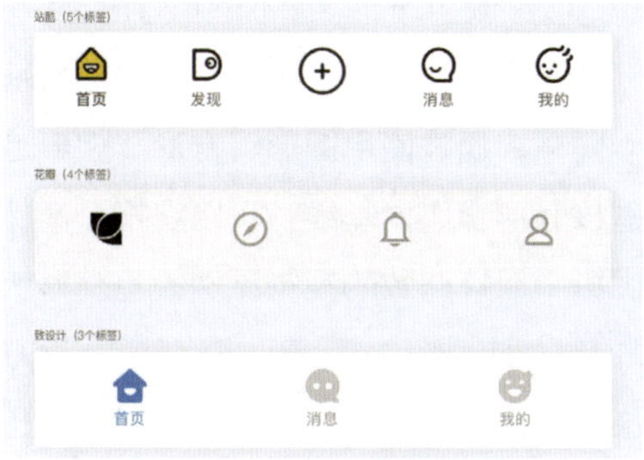

图4-74　标签栏图标

③系统图标栅格：系统图标在应用界面内，因此以iOS界面底部标签栏系统图标标准大小44px×44px为标准尺寸定制系统图标栅格。将应用图标栅格内圆部分提取出来，然后将尺寸等比缩小为44px，并添加一个44px的正方形边框，这样就得到了一个系统图标的基本栅格，如图4-75所示。

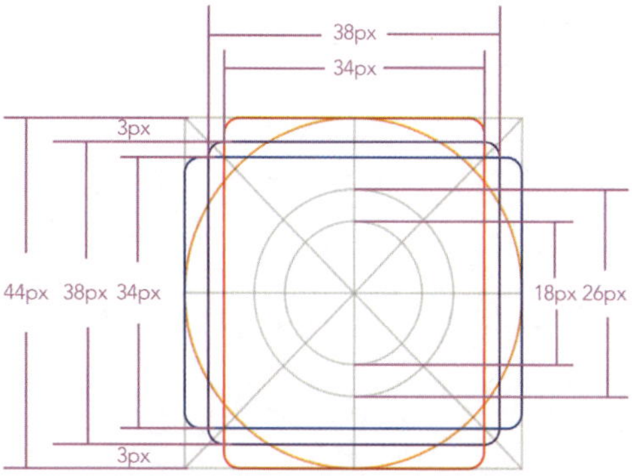

图4-75　iOS系统图标栅格

（3）Android应用图标。Android应用图标在不同使用场景下的尺寸如表4-3所示。

表4-3　Android应用图标在不同使用场景下的尺寸　　单位：px

名称	mdpi	hdpi	xhdpi	xxhdpi	xxxhdpi
应用图标	48×48	72×72	96×96	144×144	192×192
操作栏图标	32×32	48×48	64×64	96×96	128×128
上下文图标	16×16	24×24	32×32	48×48	64×64
系统通知图标	24×24	36×36	48×48	72×72	96×96
像素比	@1x	@1.5x	@2x	@3x	@4x
最细图标	不小于2	不小于3	不小于4	不小于6	不小于8

Material Design在图标设计方面给出了关键线（Keyline）形状的指导意见。像素网格、关键线、交叉线、遮罩、安全区域/裁剪区域共同构成了图标栅格，如图4-76所示，为图形元素的一致但灵活定位建立了明确的规则。设计师在设计图标时，可以根据习惯灵活设计适合自己使用的图标栅格，以辅助完成视觉统一的图标设计。

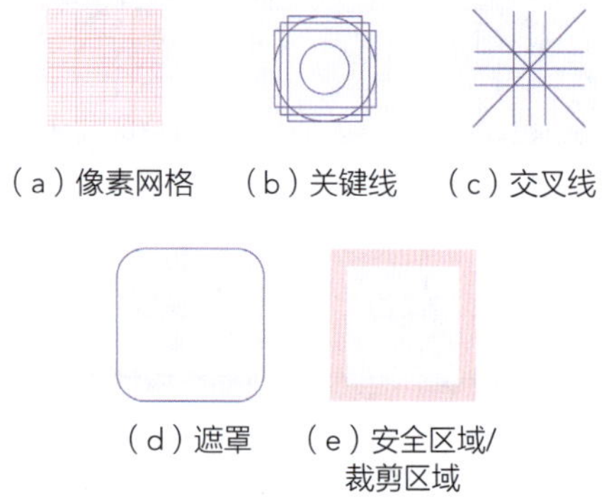

图4-76　Material Design图标栅格的构成

Android系统中应用图标的基础尺寸要求为48px×48px，但当实际设计一个图标时，并不是按照48px这个基础尺寸标准，而是要把48px这个尺寸放大4倍来做，就得到了192px这个尺寸，所有图标绘制的操作都是在192px这个尺寸里面进行的，如图4-77所示。整体尺寸被放大了4倍，网格基准也由1px变为了4px，因此就非常方便设计师去规范图标里的各个形状。通过保持这个比例，原始的任何变化都将按比例放大或缩小，这样可以在刻度恢复到100%（48px）时保留锐边和正确对齐。

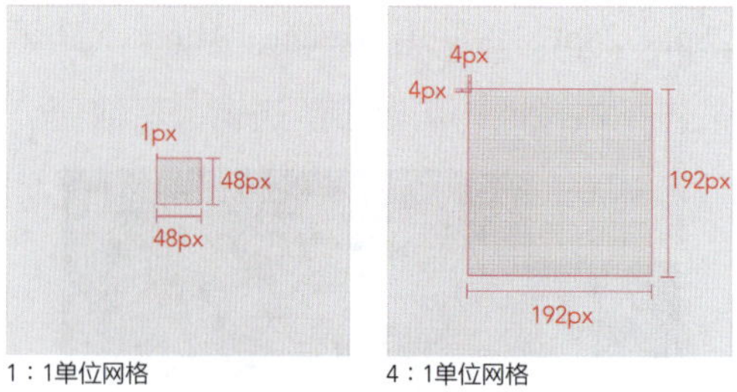

图4-77　绘制网格

下面以Illustrator为例，解释创建应用图标栅格的方法。

①在Illustrator 中，选择“首选项—参考线和网格”，网格线间隔设置为4px，次分割线设置为8px。

②绘制192px×192px的正方形。

③绘制关键线形状：关键线形状基于网格，通过使用圆形、方形、矩形这些核心形状作为基线，可以在整个产品图标中保持一致的视觉比例。不同形状的尺寸如图4-78所示，分别为：正方形，152px×152px，边角12px，线1px；纵向矩形，高176px，宽128px，边角12px，线1px；正圆，直径176px，线

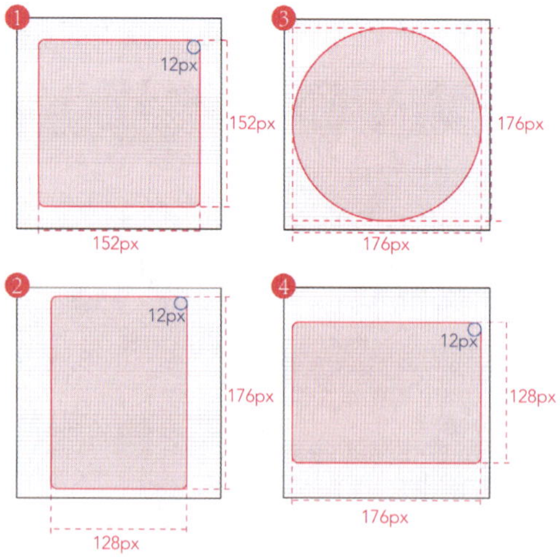

图4-78　绘制关键线形状

1px；横向矩形，高128px，宽176px，边角12px，线1px。方形关键线的圆角，官方建议设置为0～4px，具体数值在设计时可以自定。

④整合关键线：绘制完成之后，将绘制好的四条关键线居中对齐，并且按照最外围的矩形框（192px×192px）来绘制对角线、水平线和垂直线，即可得到图标格栅，如图4-79所示。

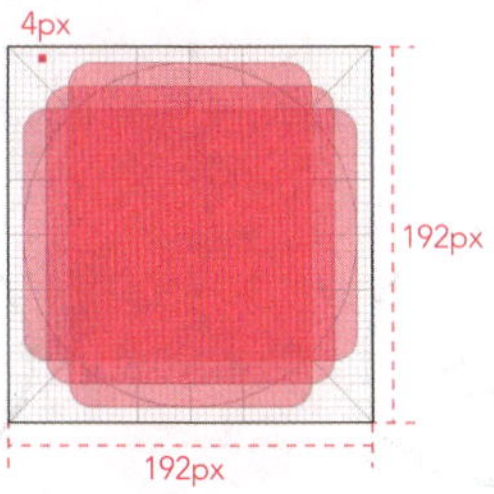

图4-79　整合关键线，完成栅格

（4）Android系统图标。

①内容区域：Android系统图标的尺寸为24dp×24dp。当鼠标和键盘为主要输入方式时，可以压缩图标尺寸以适应更紧凑的布局。在桌面端紧凑的布局中，图标尺寸可以缩小到20dp。图标内容应该保持在安全区域内，因为在安全区域内图标有足够的显示空间，不会被视图截断。

裁剪区域会参考图形文件的最终尺寸。如果需要增加额外的视觉权重，应该仅在安全区域和裁剪区域的间隙内扩展内容。不要让图标的任何一部分超出裁剪区域。对于桌面端的密集型布局，图标可能会缩小到20dp，使图标只含2dp的内边距。图4-80所示的24dp×24dp图标中，图标内容被限制在20dp×20dp的安全区域内，周围有4dp的边距。

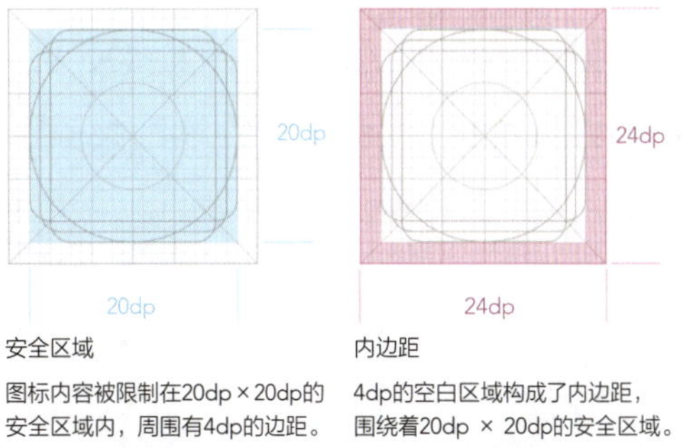

图4-80　Android系统图标的内容区域

②关键线形状：Android系统图标的关键线形状尺寸如图4-81所示。

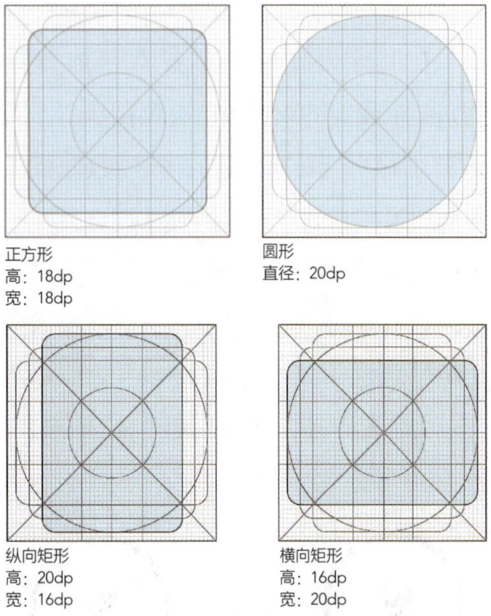

图4-81　Android系统图标的关键线

③视觉校正：在极端情况下，需要进行细微的调整以保证图标的可读性。当出现不可避免的复杂细节时，需要对标准做一些调整。如果需要进行视觉校正，应该使用基本的几何形态，不要倾斜或扭曲这些形态。Material Design官方使用图4-82所示的案例进行了解释。图4-82

（a）中，回形针图标仅使用了原本2dp的笔画区域中的1.5dp，以便在24dp×24dp的空间内适应多个弯角；图4-82（b）中，音量图标使用1.5dp的笔画来表示24dp×24dp空间内的音量声波。

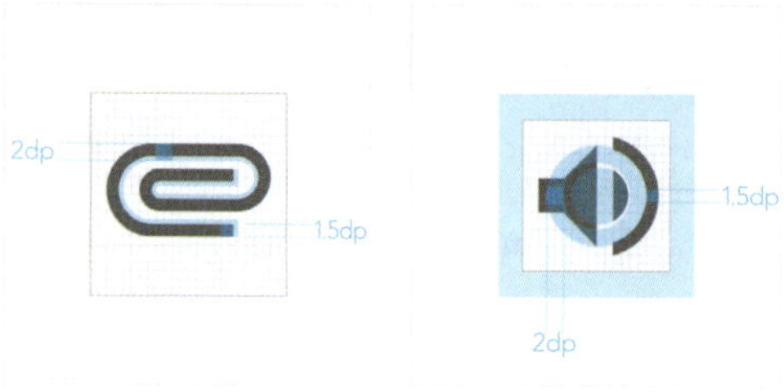

（a）回形针图标　　（b）音量图标

图4-82　**视觉校正**

在图标设计中，不要盲目依赖数据，要用我们的双眼进行检查和修正。图4-83（a）所示的播放图标按照数据将三角形放置在中间位置，但是从视觉上看三角形并没有居中。这是因为三角形左侧竖线较右侧尖角的重量感更强，会产生视觉上重量感的不同，所以需要将三角形向右移动来确保平衡，如图4-83（b）所示。

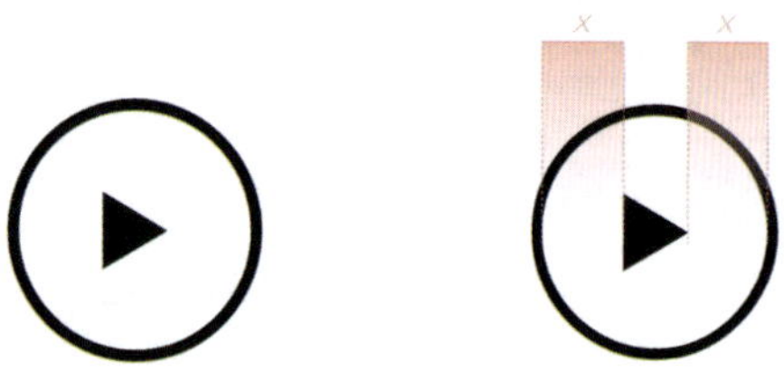

（a）三角形放置在中间位置

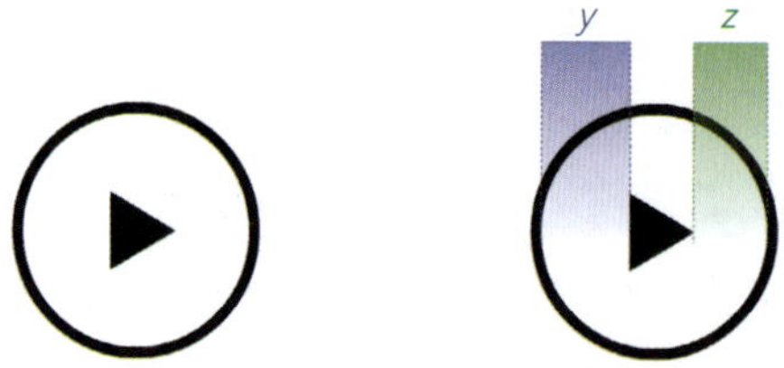

（b）三角形放置在偏右位置

图4-83　**播放图标中的视觉矫正**

在图4-84所示的案例中，“G”和Wi-Fi图标相比感觉有点大，可以将其适当缩小一点，让它在视觉感受上更加平衡。

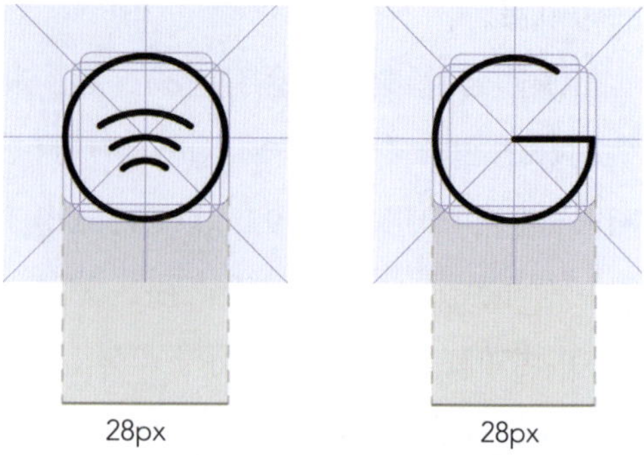

（a）“G”和Wi-Fi图标相比有点大

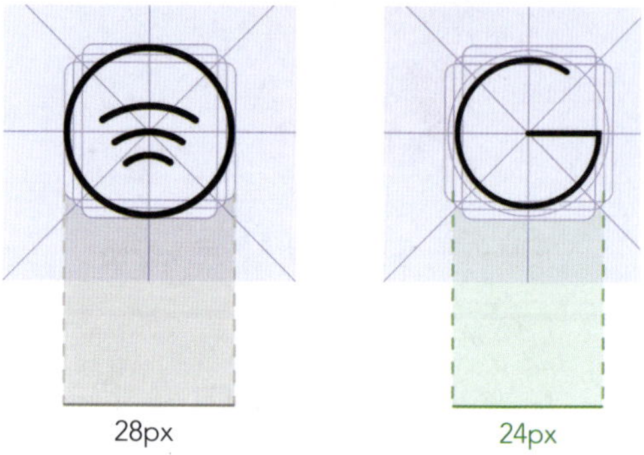

（b）“G”被适当缩小

图4-84　**“G”和Wi-Fi图标中的视觉矫正**

④空间：功能图标周围需要留有足够的空间，以便清晰读识和触摸。24dp的图标可以使用48dp的触摸范围，如图4-85所示。当键盘和鼠标为主要输入方式时，可以压缩尺寸以适应更紧凑的布局，改变触摸范围为40dp，图标为20dp。

（a）间隙区域　　（b）图标放置

图4-85　**功能图标周围的空间**

⑤图标清晰度：设计图标时，需要注意对齐像素网格，确保图标的各个细节尺寸是整数，如图4-86所示。因为存在小数会让图标出现次像素问题，在界面上呈现图标边缘模糊的情况，影响用户视觉感受。

图4-86 **图标的清晰度**

5. 图标绘制思路

图标的绘制思路主要有旋转、圆角、翻转、重复、平移等，再复杂一些的图标需用布尔运算的相减、相交、排除等方法进行绘制，以确保图标的规范性。在设计复杂图标时，可以将复杂的形状进行分解，分为圆形、方形等简单图形，然后进行布尔运算，统一调整细节即可完成。

课堂练习

（1）图标绘制基础思路练习。

（2）音乐App标签栏图标绘制。

图标绘制基础思路练习

音乐 App 标签栏图标绘制

工作任务 音乐App界面图标设计

学生工作手册

工作情景描述

校企合作设计公司的产品团队邀请同学们对音乐App图标进行设计，根据音乐App的产品定位，选择合适的风格，设计应用图标与界面内的功能图标，并根据图标设计规范，输出应用图标与功能图标，完成图标设计提案汇报。

活动思考

问题1：图标应用场景有哪些？

问题2：功能图标的设计风格主要分为哪些？举例说明。

问题3：应用图标有哪些分类？

思想提升

党的二十大报告把习近平新时代中国特色社会主义思想所蕴含的世界观和方法论概括为“六个坚持”，“坚持守正创新”是其中之一。具体来说，要做到守正创新，就是要坚持理论指导与勇于实践探索相统一，尊重客观规律与发挥主观能动性相统一。结合本任务内容，谈谈在图标设计中，“理论指导”和“客观规律”分别是什么？你又应该如何做到“勇于实践探索”和“发挥主观能动性”？

工作任务实施

活动步骤	活动要求	活动安排	活动记录
步骤1：应用图标设计	以小组为单位，探讨应用图标设计方案，并按照图标规范绘制出应用图标	具体活动1：个人针对音乐App应用图标进行创意，绘制应用图标草图	
		具体活动2：小组内部开展讨论会，对每个人的应用图标创意方案进行讨论，取长补短，分析优劣	
		具体活动3：根据各成员方案，确定小组最终应用图标设计草图。可为某一人方案的深入修改版，可为多人方案的综合修改版，具体情况小组讨论确定，充分发挥小组成员分析问题、解决问题的能力	
		具体活动4：根据应用图标草图，小组讨论确定应用图标风格，并使用设计软件绘制完成应用图标，输出1024px×1024px尺寸应用图标	

续表

活动步骤	活动要求	活动安排	活动记录
步骤2：功能图标设计	小组确定图标提案中的主要功能图标，确定功能图标设计风格，分工合作，按照图标规范完成功能图标设计	具体活动1：通过对竞品的分析，小组讨论确定音乐App界面中使用频率较高、比较重要的功能图标，作为图标提案的展示内容	
		具体活动2：根据图标使用场景，对功能图标进行分类，并确定设计风格	
		具体活动3：小组成员分工合作，对功能图标进行创意设计，使用设计软件完成初稿	
		具体活动4：小组内部对初稿进行讨论，并进行二次修改，确保功能图标的一致性、规范性	
步骤3：首页设计	将本项目所学知识进行整合，输出音乐App首页	具体活动1：小组确定首页设计使用规范（iOS或者Android），绘制首页尺寸图	
		具体活动2：按照本项目前期确定的风格、色彩、字体、图标内容，完成首页内容设计	
		具体活动3：小组讨论首页设计方案，按照界面设计规范再次检查首页设计是否符合要求，并进行修改完善	
步骤4：提案汇报	整理音乐App界面设计所有资料，形成提案汇报稿，进行汇报	具体活动1：小组合作，将本项目所有设计内容进行整理，形成提案汇报稿	
		具体活动2：小组汇报并听取其他组汇报，取长补短，学他人之所长，记录心得体会	

评价与总结

一级指标	二级指标	评价内容	分值	自评	互评	教师	企业专家
学习过程（50分）	学习能力	能够通过自学线上资源，完成自测	5				
		能够使用界面设计规范，自己完成界面设计内容	10				
		能够通过对比分析，思考自己设计的优点与短板，提升自己	15				
	小组协作能力	能够在小组讨论中，与他人交流自己的想法，输出有价值的观点	10				
	表达能力	能够分享自己组音乐App的设计提案，表达准确流畅、逻辑清晰	10				
作品得分（50分）	职业岗位能力	界面风格、尺寸、色彩、字体、图标符合界面设计规范要求	30				
		企业满意度	20				
总结							

老师提示

图标设计是一项创意与功能并重的工作。创意是指图标的设计要在色彩搭配、图形设计上保持美感；功能则是要求图标表意准确，确保用户能够轻松地找到并使用它们。

项目 5

乡村旅游App界面效果图制作

项目概况

项目背景

党的二十大报告对“加快构建新发展格局，着力推动高质量发展”做出战略部署，其中强调“着力推进城乡融合和区域协调发展”，对“发展乡村特色产业，拓宽农民增收致富渠道”提出明确要求。党的十八大以来，作为大众旅游和现代旅游业体系的重要组成部分，乡村旅游市场规模持续扩大、产业链条不断延展、综合带动作用日渐明显，已成为乡村振兴的全新动能。江山壮丽，前程远大，在党的二十大精神引领下，全国乡村旅游从业者将奋力建设“村美、人美、情美”的新乡村。一幅幅火热生动的乡村旅游画卷正在徐徐铺展开来。

项目导入

校企合作的设计公司要结合国家乡村振兴战略设计一款乡村旅游App，为游客的短途旅行提供信息资讯，带动当地经济发展，获得市场收益。现在，公司团队邀请同学们一起参与App的设计工作。

企业要求

（1）根据企业提供的产品开发方向，确定产品主要功能与原型图；使用情绪板确定产品风格，参照iOS规范确定产品视觉规范。

（2）完成乡村旅游App的启动页、活动闪屏、引导页设计。

（3）完成乡村旅游App的一级页面、二级页面设计。

工作任务

1. 任务要求

（1）合理运用产品设计、交互设计知识与方法，完成乡村旅游App的原型图设计。产品功能明确，原型图设计逻辑关系明确，页面布局合理。使用情绪板、视觉设计规范等知识，完成乡村旅游App的视觉设计规范，确定产品风格、色彩、字体、图标等内容，符合国家行业标准。

（2）分析乡村旅游App各种界面，并完成乡村旅游App启动页、活动闪屏、引导页的设计。

（3）遵守界面视觉设计原则，完成一级页面设计。

（4）通过视觉设计方法合理区分不同信息层级，精益求精地完成二级页面设计。

2. 任务形式

乡村旅游App原型图设计、视觉设计规范制定、乡村旅游App界面效果图设计。

3. 建议学时

任务1 App页面类型：6学时；任务2一级页面、二级页面设计：10学时。

工作标准

1. 界面设计“1+X”职业技能等级标准

（1）任务1对接“能主导确定产品的信息架构和交互框架，能主导并确定产品的设计理念并推动具体实施”的要求。

（2）任务2对接“能理解iOS、Android系统的界面设计差异，以及原生应用控件规范的差异”“能理解手机界面的设计理论，并从用户角度出发，设计登录页、首页、列表页，使之具备引导性、一致性、高效性和易响应性”的要求。

2. 大学生创新创业大赛标准

（1）项目充分体现团队解决复杂问题的综合能力和高级思维。

（2）工作任务立足于乡村振兴战略，以乡村旅游为主题，引导学生进行设计需求分析和界面设计，完成能够助力乡村振兴发展的手机App设计。选题切入点对接“项目体现团队扎根中国大地了解国情民情，遵循发现问题、分析问题、解决问题的基本规律，将所学专业知识、技能和方法应用于乡村振兴和农业农村现代化、城乡社区发展”的要求。

（3）任务1和任务2均由学生团队合作完成，锻炼团队协作精神，对接“项目充分体现团队解决复杂问题的综合能力和高级思维”的要求。

任务1 App页面类型

知识导入

App中包含几十个甚至几百个页面，每一个页面都需要使用设计软件制作出来吗？回答这个问题，需要先了解App中页面的分类，然后才能按照页面的不同类型进行设计。

学习目标

1. 素质目标

（1）培养团队意识和沟通表达能力。

（2）培养遵守法律规范的意识，形成良好的职业道德。

2. 知识目标

（1）掌握App页面种类。

（2）掌握启动页的设计方法。

3. 能力目标

（1）能够明确阐述App启动页、闪屏、引导页三者之间的关系与区别。

（2）能够按照iOS设计规范，完成启动页设计。

（3）能够按照产品功能特点，完成引导页设计。

知识准备

1. 移动界面中页面的组成

移动界面中页面的组成

App由各种页面组成，设计师需要通过分析不同页面的功能和特点进行设计，确保所设计的页面符合产品要求且易于用户操作，获得良好的用户体验，帮助App留住用户。

（1）启动页。当我们打开手机中的QQ时，映入眼帘的是一个企鹅的图形，如图5-1所示。当我们还在欣赏这个图形的时候，界面会快速变到消息列表页面，我们会感觉QQ的启动速度非常快。这是启动页存在的意义，就是用来让用户感知到应用已经开始运行了。通过显示启动页，可以遮住数据加载不全的首页信息，避免用户看着空白屏幕着急，缓解用户焦虑。

启动页一般为一张静态图片，不可以进行其他交互动作，直接配置在应用的安装包中，每次应用启动时都进行展示，展示时间不可控（由网速和手机性能决定）且不可跳过。启动页是App中必不可少的页面，在iOS规范中，App上架

App Store必须有启动页。苹果认为启动页本意并不是为了展示App界面设计艺术，而是为了解决用户等待时间，保证用户使用流畅。Android系统会有1～2s的白屏，所以两个端都需要启动页。

图5-1　QQ的启动页

（2）闪屏。当我们打开网易云音乐App时，启动页迅速闪过后出现的是京东的广告页面，如图5-2所示。如果点击广告，会直接跳转到京东App首页；如果不进行任何操作，5s后广告页面会自己关闭，最终展现网易云音乐的发现音乐页面。在启动页后面紧接着出现的页面就是闪屏。

图5-2　网易云音乐App的闪屏

闪屏是为了运营，并不是所有App都必须有闪屏，如微信、QQ是没有闪屏的，这与产品的定位和运营模式相关。

闪屏是可交互的，点击后会直接跳转至第三方应用。每次开启应用都会展示闪屏，展示时间一般在3～5s，而且会显示倒计时。闪屏广告设计时，需要注意时间不可过长，太长会引起用户反感。

（3）引导页。当我们第一次使用App时，App会在启动页后出现引导页，引导用户去认识、使用这款产品。引导页是用户对App的第一印象，让用户对产品有一个初步的心理预期。引导页是一组界面，展示了App可能为用户带来的功能和特点，如图5-3所示。

引导页是可交互的，一般控制在3～5页，页面太多会引起用户的反感。应用程序会根据用户使用情况进行判断，若为第一次使用App，则在启动页后出现引导页；若用户不是第一次使用则不会再出现引导页，直至下一版本应用程序更新后，才会再次出现引导页。

图5-3 App的引导页

（4）首页。移动设备的首页与网页设计的首页是相同的，它是打开App后默认出现的功能页面。首页清晰展示产品核心功能，决定产品风格基调，展现品牌形象，建立用户对品牌的认可度。例如，打开微信后会进入微信聊天列表页，而不会直接进入朋友圈页面，这是因为聊天是微信最重要的功能，而朋友圈则为第二级别的功能。

首页是App的核心页面，用户可以在这个界面进行大部分的操作，如查看信息、搜索内容、选择功能等。设计师需要考虑到主界面的布局、色彩、图标、文字等元素，使用户可以轻松地找到所需信息，提高用户的使用体验。

（5）一级页面。每个App的页面设置都不一样，为了方便学习，可以沿用网页设计中的概念，将App底部显示的可以通过点击标签的方式进行切换的页面称为一级页面，即进入App后只点击一次即可跳转展示的页面。例如进入淘宝后，标签栏中为淘宝首页、视频页、消息页、购物车、我的淘宝五个图标，通过直接点击这些图标进行页面跳转，跳转后的页面就是淘宝的一级页面。一级页面中的内容是App最重要的功能。

（6）二级页面。在一级页面的基础上，再点击后进入的页面称为二级页面。如在微信中，需要在发现界面中点击朋友圈按钮，才可进入朋友圈页面。二级页面需要通过返回按钮或者返回滑动手势才能回到上一级页面。

（7）缺省页。缺省页是在无数据状态或者操作出现异常状态下出现的页面，它用来给予用户反馈，避免用户焦虑，引导用户进行操作。缺省页是很多设计师容易忽略的部分，它虽是边缘化页面，但却是体现产品完整性、精致程度的重要部分，也是产品有温度的体现，需要根据情况及用户需求进行贴心设计。缺省页部分可交互，引导用户操作，多以插画和文案搭配的方式出现，如图5-4所示。

（8）登录注册页。为了留住用户，使App具有用户黏性，很多App都要求用户创建个人账户，这就需要设计App的登录和注册页面。登录注册页的界面应该简洁明了，以便用户可以轻松访问。图5-5为微信读书App的登录注册页。

（9）弹窗。在用户进行交互操作出现某些特殊情况时，App必须向用户进行提示，反馈重要内容，这时候会弹出一个页面或者对话框，即弹窗，如图5-6所示。

图5-4　App的缺省页

图5-5　微信读书App的登录注册页

图5-6　App的弹窗

弹窗分为模态弹窗和非模态弹窗。模态弹窗会打断用户所属的主流程，只有用户与弹窗完成交互动作才能返回主流程中；非模态弹窗不会打断用户正在进行的流程，而是会在合适的位置弹出一个提示或者组件，用户可自己关闭，若不操作弹窗会自动消失。

2. 启动页设计

启动页是用户看到App启动后的第一个画面，因为停留时间短暂，一般会设计得很简约，便于用户记住。

（1）启动页的类型。

①品牌展示型：这种类型的启动页利用品牌性质，传达应用的格调、内涵，加强用户对品牌的直观印象，拉近应用与用户之间的距离。该类型启动页一般会以品牌名称+品牌标志+品牌广告语的形式进行组合，这样可以不断强化品牌效应。图5-7为唯品会App和帆书App的启动页。

图5-7 唯品会App和帆书App的启动页

②意境风格型：这种类型的启动页使用品牌标志、相关意境背景图传递要表达的故事，以告知产品功能和用途。图5-8为微信App和顺丰速运App的启动页。

图5-8 微信App和顺丰速运App的启动页

（2）启动页设计要点。启动页在设计时，会被做成一整张图片进行加载，所以需要注意不同设备的尺寸区别，尽量将设计元素放置在屏幕中间，避免被裁切。启动页一般输出2倍尺寸的图，2倍尺寸的图使用在3倍的设备上也是可以的，因为如果使用3倍的图会使安装包变大很多。启动页展现时间较短，短短几秒钟的展示时间并不会让用户察觉到2倍图和3倍图的区别，这样降低清晰度以换取降低安装包大小的做法是可以容忍和接受的。

课堂练习

乡游作为一个以乡村旅游为主题的

App，致力于展现乡村的美丽风光、自然生态和人文风情。该App启动页的设计以简约为主，主要突显App图标与产品广告语，让用户形成短时视觉记忆。下面的练习中首先设计App图标，然后再完成启动页的设计。

乡游 App 启动页设计方案一

（1）方案一。App图标设计如图5-9所示，具体元素如下。

①半圆环：图标的上方是一个蓝色的半圆环，它代表了广袤无垠的蓝天和清新的自然环境。蓝色象征着清新、宁静和希望，与乡村的宁静、纯净相呼应。

②两片叶子：在半圆环下方巧妙地融入了两片叶子，这两片叶子代表了乡村旅游的生态环境与自然，象征着大自然的生机与活力。叶子采用绿色，传达出生命力和活力。

③定位符号：整个图标的上下部分合为一个简洁的定位符号外形，它既是一个指引方向的箭头，也是一个简洁的地标，象征着旅游元素中的引领和定位，体现了乡游App致力于为用户提供精准、便捷的乡村旅游信息和服务的目标。

整个图标设计简洁大方，寓意深远。它巧妙地将自然、定位符号等元素融合在一起，形成了一个独特且易于识别的视觉形象。通过这个图标，乡游App向用户传达出一种回归自然、享受宁静的美好生活方式。

图5-9　乡游App图标设计方案一

方案一启动页效果图如图5-10所示。

图5-10　方案一启动页效果图

（2）方案二。App图标设计如图5-11所示，具体元素如下。

乡游 App 启动页设计方案二

①笔画断连：图标在字体的笔画上运用了断连的手法，使得整个图标更加生动有趣，同时也增加了视觉冲击力，让人印象深刻。

图5-11　乡游App图标设计方案二

②溪流图形：字体下方配以溪流的图形，寓意着乡村的纯净与自然。溪流缓缓流淌，代表着乡村旅游的舒适与宁静，也象征着人们对于回归自然的渴望。

③橙色主调：图标主色调为橙色，传递着温暖、友善和平易近人的感觉，也传递出一种欢快活泼的氛围，符合乡村旅游的主题。

图标整体以字体设计为主，采用了较为高挑的字形，呈现出活力与向上的气息，象征着乡村旅游的生机与活力。字体的设计简洁而不失优雅，符合乡村旅游的品牌形象。

方案二启动页效果图如图5-12所示。

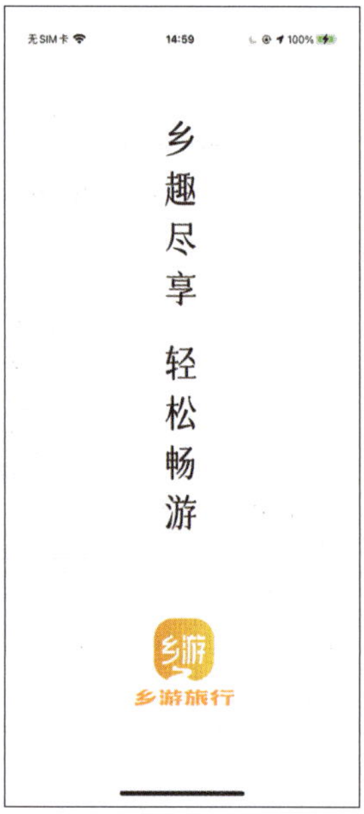

图5-12　方案二启动页效果图

3. 闪屏设计

闪屏与引导页设计

（1）闪屏的类型。

①广告推广型：产品开发商在App闪屏中投放其他产品的广告，引导用户进行点击，产生商业广告变现，如图5-13所示的腾讯体育App闪屏的游戏广告和菜鸟App闪屏的天猫广告。

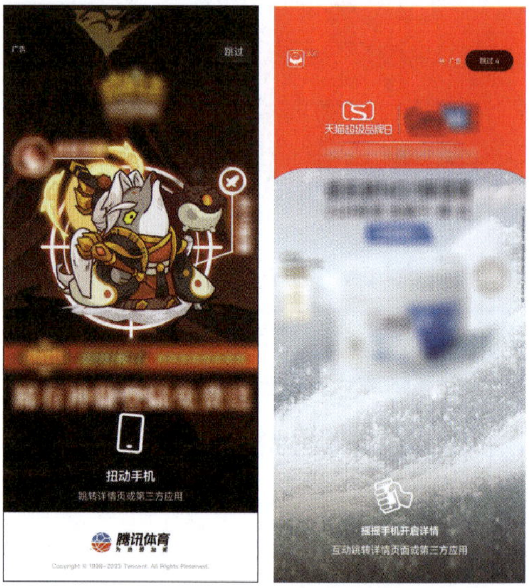

（a）腾讯体育App闪屏　　（b）菜鸟App闪屏

图5-13　广告推广型的闪屏

②商业推广型：这种类型的闪屏根据App的营销活动设置活动入口，营造活动氛围，突出用户利益点，引导用户进行操作，如图5-14所示的携程旅行App元旦活动的闪屏和咕比启蒙App送绘本活动的闪屏。

③节日关怀型：这种类型的闪屏结合节假日营造关怀、人文氛围，让用户感受到产品的温度，提升品牌调性与用

户认可度。例如，QQ在用户生日时为用户特定的生日闪屏让用户感受到QQ对用户的重视；国家医保服务平台App在元旦时设置动态祝福闪屏为用户送上新年祝福，如图5-15所示。

（a）携程旅行App闪屏　（b）咕比启蒙App闪屏

图5-14　**商业推广型的闪屏**

（a）QQ生日闪屏　（b）国家医保服务平台App元旦闪屏

图5-15　**节日关怀型的闪屏**

（2）闪屏设计要点。闪屏广告虽然可以为App带来很好的收益，但近年来对用户的骚扰越来越严重，成为用户非常反感的问题。国家针对App广告侵害用户权益的整治行动已经展开，且出台了相应的法律法规。《工业和信息化部关于进一步提升移动互联网应用服务能力的通知》（工信部信管函〔2023〕26号）指出，要规范安装卸载行为，确保知情同意安装；不得利用“全屏热力图”、高灵敏度“摇一摇”等易造成误触发的方式诱导用户操作；用户拒绝提供非当前服务所必需的个人信息时，不得影响用户使用该服务的基本功能。

同时，《互联网弹窗信息推送服务管理规定》也紧盯弹窗新闻信息推送、弹窗信息内容导向、弹窗广告等重点环节，着力解决利用弹窗违规推送新闻信息、弹窗广告标识不明显、广告无法一键关闭、推送频次过多过滥、诱导用户点击、实施流量造假等问题。若网络平台违反规定，将被相关部门处以警告、罚款、责令暂停弹窗功能或停止服务等处罚。

作为设计师，除了关注产品效益外，还需要遵守国家相关法律法规，不能为了利益而做出违法违纪的事情。设计师的职业道德是成长发展的基础，若没有良好的职业道德和职业责任，是无法拥有长久发展的。

4. 引导页设计

（1）引导页的类型。

①功能介绍型：该类引导页对产品的主要功能以插画或者照片搭配文字的形式进行展示，如图5-16所示的安居客App引导页，向用户介绍了快速卖房、VR带看、直播看房三大功能。

②情怀推广型：该类引导页主要对产品的立意、态度等内容进行传达，以情怀推广产品。图5-17为腾讯视频App的引导页，图片与文案的结合让画面具有很强的冲击力，能够震撼用户，获得用户共鸣，引得用户驻足观赏。

图5-16　功能介绍型的引导页

图5-17　情怀推广型的引导页

③使用说明型：用户第一次打开新页面时，该类引导页会使用线框、文字标注的方式圈出需要关注的操作位置，提前告知、引导用户进行操作，如图5−18所示的句读App的引导页。

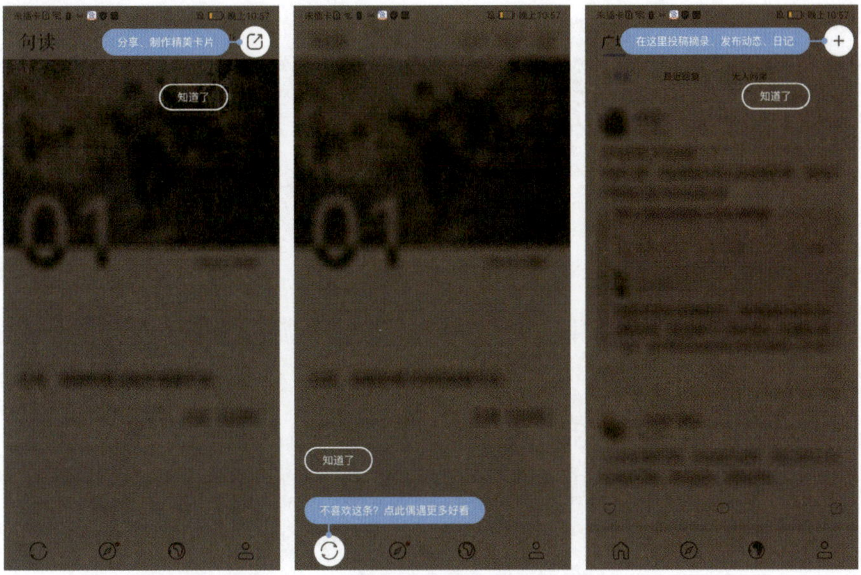

图5−18　使用说明型的引导页

（2）引导页设计技巧。引导页的结构和内容对于每个特定程序都是高度个性化的，但是在设计上依然存在一些共同倾向。在进行引导页设计时，可以关注以下几方面的技巧。

①与产品整体风格保持一致：引导页是用户第一次使用App时接触到的界面，主要目的为通过引导让用户熟悉产品，其设计风格需要与产品的整体风格保持一致，避免过度设计让用户产生困惑。

②界面简洁明了：社会处于一个网络化、碎片化的时代，人们浏览App页面的时间非常短暂，因此引导页的设计需要突出重点、简洁明了。目前大部分App使用插画绘制引导页，吸引用户且具有亲切感。

③交互行为简单：引导页在用户使用App的整体时间中仅占10s左右，非常短暂，因此交互行为需要简单易操作。页面中使用页面指示器（常见的是大小透明度圆点），方便用户知晓共有几张引导页；页面中设置明确的“跳过”按钮，给予用户选择权利；使用说明型引导页需要有明确的视觉对比，避免说明层与下面的实际界面相混淆，给用户操作带来困扰。

④勿忘文案魅力：引导页以图片展

示为主，若搭配明确、点睛的文案，则会直击用户大脑，便于用户快速理解画面意思，为用户留下深刻印象。

课堂练习

乡游 App
引导页设计

（1）设计背景。

乡游App作为一款专注于乡村旅游的主题应用，其核心价值在于为用户带来独特的乡村旅游体验。为了让用户更好地了解和使用该应用，设计三页引导页，以插画为主要表现形式，风格统一，内容各异，旨在向用户传达放松心情、发现美景和支持比价三大主题并直观地展现App的功能与特色，使用户快速了解并喜爱这款应用。

（2）设计说明。各引导页如图5-19所示，插画内容和设计说明如下。

①引导页一：放松心情。

a.插画内容：画面中两个人悠然自得地行走在山野间的小路上，仿佛与世隔绝，享受着大自然的宁静与纯净。他们仰望天空，仿佛在与大自然进行心灵的对话。远处的山脉、近处的花草，都为这宁静的场景增添了几分诗意。

b.设计说明：该页插画旨在传达乡村旅游可以使心灵放松。快节奏的生活常常使我们身心俱疲，而乡村的宁静与纯净正是我们心灵的避风港。通过此插画，希望引导用户在忙碌的生活中找到一个地方，让心灵得到片刻的宁静。

②引导页二：发现美景。

a.插画内容：在这个画面中，一个人即将驾车行驶在乡间小道上，手机的定位功能和线路指引功能显得尤为突出。用户可以清晰地看到地图上标注的热门景点和特色村落，整个页面仿佛在邀请用户一同探索这未知的美丽。

b.设计说明：该页插画强调了乡游App的定位和线路指引功能。希望通过此功能，帮助用户轻松发现周边的美景和特色旅游资源，激发用户的探索欲望，让每一次乡村之旅都充满惊喜。

③引导页三：支持比价。

a.插画内容：在这个画面中，三个人手持金币和购物袋，背景是一个热闹的商城。他们正在仔细比对各种旅游产品和服务，寻找最优惠的选择。这种比价功能使得乡村旅游变得更加实惠和有趣。

b.设计说明：该页插画突出了乡游App的比价功能。在选择旅游产品和服务时，用户往往希望能够获得最优惠的价格。通过此功能，用户可以更加明智地做出决策，享受更优惠的价格，同时也能尽情地体验乡村旅游的乐趣。

5. 缺省页设计

缺省页
设计

（1）缺省页的类型。缺省页按照App缺省的状态进行划分，主要有系统层、信息层、空白层的缺省三种类型。

图5-19　乡游App引导页设计

①系统层缺省：如加载失败、服务器异常、无网络等。系统层缺省页是用户请求服务器时，返回提示请求提交失败，并检测到失败原因的页面。该页面一般会有重新请求的按钮，文案上会对失败原因进行描述，节约使用成本。

②信息层缺省：如内容已删除、内容已下架、内容不存在、未登录等。信息层缺省页是请求服务器数据成功，但是返回的数据异常的页面。

③空白层缺省：如页面空数据（无订单、无历史记录）、搜索无结果等。空白层缺省页是用户请求服务器数据成功，但显示无数据的页面。该页面需要引导用户进行操作，明确解决办法，也可以推荐用户感兴趣的内容。

（2）缺省页设计要点。缺省页设计时，需要将缺省状态与建议说清楚，让用户能快速了解情况，做出相应判断，可以采用下面3种方式。

①状态说明与引导相结合：在缺省状态下，需要及时向用户说明当前的状态，让用户知晓当前系统的状况，避免产生疑惑情绪，还可以以建议、代替推荐或者行为引导等形式为用户提供可能的解决方案。例如，淘宝App在关键词搜索无结果的情况下进行了状态说明；小红书App则在说明状态之余建议用户可以换个关键词试试；京东App则直接推荐和搜索关键词相近的商品结果；造作App除了商品推荐之外还进一步提供了行为引导，如图5-20所示。

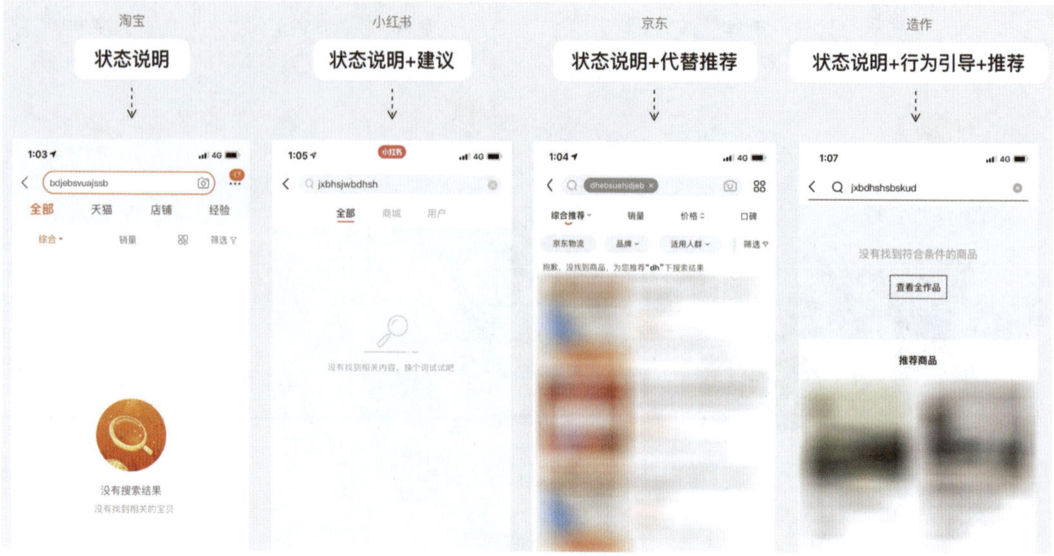

图5-20　缺省页中的状态说明与引导

②使用缓存：网络状态不好时，无法快速加载页面图片，可以使用灰色图片占位符，呈现出界面的架构，分散用户注意力，缓解用户焦虑情绪。待加载完成后显示图片，给用户加载速度较快的感觉。例如，携程旅行App在社区页因图片视频内容太多加载较慢，使用占位符显示内容，降低用户等待较长的感受，如图5-21所示。

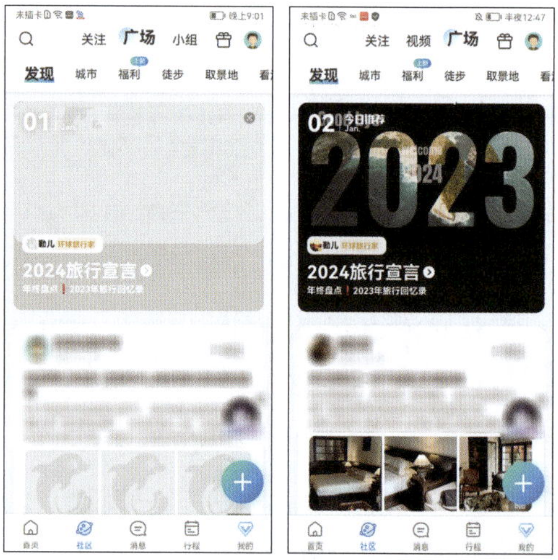

图5-21　缺省页中的使用缓存

③情感化表达：随着目前社会对用户体验的高标准和高要求，在缺省页设计时需要关注情感化因素，将缺省内容表达得更加生动，将文案写得更加拟人化、喜剧化，图片更加亲切，缓解用户遇到缺省页的不快。例如，最右App中的缺省页设计得很可爱、幽默，如图5-22所示。

图5-22　缺省页中的情感化表达

工作任务

乡村旅游App启动页、活动闪屏、引导页设计

学生工作手册

工作情景描述

校企合作的设计公司结合国家乡村振兴战略，邀请同学们一起设计一款乡村休闲度假游App，带动当地经济发展，获得市场收益。现在，公司团队邀请同学们一起针对App进行产品设计，输出原型图与视觉设计规范，完成启动页、活动闪屏、引导页的设计。

活动思考

问题1：产品设计的主要内容是什么？需要进行哪些步骤？

问题2：App的页面主要分为哪几种？

问题3：启动页、闪屏、引导页是指同一个页面吗？

思想提升

在本任务中，我们不仅学习了启动页、引导页等不同类型页面的设计技巧，更领悟到设计之美不应仅仅在于外观的和谐，同时要注重功能的完善，要做到功能性和美观性的完美结合。那么，如何在设计中实现外在形态与内在功能的和谐统一，让每一个页面都成为传递价值与情感的桥梁呢？

工作任务实施

活动步骤	活动要求	活动安排	活动记录
步骤1：确定产品功能点	以小组为单位，针对乡村旅游的主题，结合企业提供的主要研究方向，运用产品设计知识，确定乡村旅游App的功能点	具体活动：分析竞品，结合企业提供资料开展网络调研，小组讨论确定产品功能点	
步骤2：绘制产品原型图	以小组为单位，针对确定的功能点，梳理App流程图，绘制产品原型图	具体活动1：以小组为单位，针对确定的功能点，梳理App流程图	
		具体活动2：分工合作，使用软件绘制或者手绘完成产品低保真原型图	
步骤3：确定乡村旅游App视觉设计规范	结合情绪板、界面设计规范，确定App视觉规范，绘制主要图标	具体活动1：使用情绪板，分析乡村旅游App设计风格与色彩	

续表

活动步骤	活动要求	活动安排	活动记录
步骤3：确定乡村旅游App视觉设计规范	结合情绪板、界面设计规范，确定App视觉规范，绘制主要图标	具体活动2：根据iOS界面设计规范，输出乡村旅游App的色彩、字体规范	
		具体活动3：小组分工，根据情绪板完成乡村旅游App应用图标与主要功能图标	
		具体活动4：小组自评分析，总结前面所有步骤中遇到的问题，温故知新，深化知识掌握程度	
步骤4：设计乡村旅游App启动页	设计App启动页	具体活动：结合乡村旅游App应用图标与视觉规范，选择合适的设计方法，完成启动页设计	
步骤5：设计乡村旅游App活动闪屏页面	根据产品主要功能，小组创设活动并完成活动闪屏页面设计	具体活动1：小组讨论，确定App推广活动内容	
		具体活动2：小组分工合作，绘制活动闪屏草图，组内评价后修改，使用设计软件输出活动闪屏	
步骤6：设计乡村旅游App活动引导页	小组确定引导页设计思路，完成引导页设计	具体活动1：小组讨论，确定App引导页设计思路，绘制草图	
		具体活动2：小组分工合作，使用设计软件输出App引导页	
步骤7：工作任务总结评价	对照工作任务评价表，完成评价	具体活动：对照工作任务评价表，完成评价，思考本次任务的收获与不足，并思考解决办法	

评价与总结

一级指标	二级指标	评价内容	分值	自评	互评	教师	企业专家
学习过程（50分）	学习能力	能够通过自学线上资源，完成自测	5				
		能够使用之前所学知识，完成新任务	20				
		能够根据任务要求，灵活调整工作方案	5				
	小组协作能力	能够在小组讨论中与他人交流自己的想法，输出有价值的观点	10				
	表达能力	能够分享自己工作中的想法与意见，清晰流畅汇报设计结果	10				
作品得分（50分）	职业岗位能力	产品功能点准确，原型图绘制规范、逻辑正确；视觉规范严谨合适，能够突出产品特色	20				
		启动页、闪屏、引导页符合产品特色，能够有效引导用户	20				
		企业满意度	10				
总结							

老师提示

随着AIGC技术的发展，越来越多的设计师开始探索如何将AI生成的图像应用到实际项目中，例如AI工具辅助生成活动弹窗、运营海报、插画元素等，大大提升了设计师的工作效率。

任务2 一级页面、二级页面设计

知识导入

在移动设备这么小的空间内，图标、文字、图片等内容几乎堆满了整个界面。看似没什么难度的UI设计，为何很多人完成后却总感觉不够完美，像未完成的作品。很多新手不知该如何安排元素位置，内容布局容易过挤或过松散，效果总是欠缺一点。移动界面设计空间很小，想在小空间内完成大设计是非常有挑战性的事情。设计师不可盲目设计，需要遵循一定的设计原则，同时加之不断地练习、思考，分析存在的问题并进行精益求精的修改，最终展现出最优秀的界面效果。

学习目标

1. 素质目标

（1）培养精益求精、敬业专注的工匠精神。

（2）培养严谨认真、科学研究的专业素质。

（3）培养团队协作精神和沟通能力，提升职业素养。

2. 知识目标

（1）掌握格式塔心理学五大原则。

（2）掌握一级页面相关知识和设计方法。

（3）掌握二级页面相关知识和设计方法。

3. 能力目标

（1）能够按照界面设计原则与设计规范，完成一级页面、二级页面的设计。

（2）能够针对页面设计方案进行汇报。

知识准备

1. 格式塔心理学五大原则

格式塔心理学五大原则

界面设计“1+X”职业技能等级标准中对界面视觉设计原则进行了解释说明，即格式塔心理学五大原则：对齐、对比、亲密、重复、闭合。

（1）对齐。任何元素都不能在页面上随意摆放，这会对用户视觉造成严重干扰，每一项元素都应该与页面上另一项或多项元素存在视觉关联。水平或垂直元素的视觉引导作用，会让用户的眼睛感知“隐形的线”。设计时需将元素连在一起，使界面元素更加规整，便于浏览阅读，如图5-23所示的页面中，标题文字、正文文字、图片、评论图标、关注图标、发布帖子图标与卡片外边均进行了对齐。

乡游App“红传旅”一级页面中卡片上的文字和图片都严格按照对齐原则进行排版，界面视觉效果更加规整，如图5-24所示。

（2）对比。在UI设计中，对比主要有大小、色彩、粗细、简繁、黑白等。对比可以有效地增强页面的视觉效果，同时也有助于元素之间建立一种有组织的层级结构，让用户快速识别关键信息。一般来说，就是把页面中的信息层

图5-23　App中对齐原则的使用

图5-24　乡游App中对齐原则的使用

级控制在4～6层，并且每两种信息层级之间最少有两个度的对比，尽量避免字号对比不明显、颜色太接近、样式太类似等问题。图5-25所示的页面中，图标重要程度不同，有大小对比；标签选中状态不同，有颜色对比；标题与用户名有字号对比，引导用户关注标题内容；话题标题与话题内容有层次区分，采用疏密对比。

乡游App“吃住购”页面中的“精选美食”板块上，左侧图片与右侧两个卡片色彩一深一浅，形成强弱对比；文字之间通过控制字号和字重，形成大小和粗细的对比，文字的层级关系一目了然；左侧和右侧文字的信息排布形式又形成了疏密对比，如图5-26所示。

（3）亲密。亲密是指信息之间的关联性越高，信息之间的距离就越近，反之则它们的距离就越远。用这样的原则去规划信息之间的间距也就是根据内容去规划页面结构，这样的层次关系会使页面看起来更加自然。用户界面元素之间的关系可以用间距、分割线、分割条、容器（卡片）来划分页面信息层级。图5-27所示的页面中，为了方便区分，不同登录方式之间的间距比较大，避免混淆；不同组的内容有区别，使用不同的容器来放置组内容，便于区分。

图5-25　App中对比原则的使用

图5-26　乡游App中对比原则的使用

图5-27　App中亲密原则的使用

图5-28　乡游App中亲密原则的使用

乡游App“我的”页面中的大量信息按照相关性分成了3个信息组：组1是用户个人信息，组2是订单信息，组3则是其他的账户设置信息，如图5-28所示。各组分别自成一个卡片，同个卡片内部的设计形式保持一致，不同卡片彼此之间拉开一定的距离进行区分，整个页面信息数量虽多但是逻辑清晰。

（4）重复。重复原则是指在同类信息的表达上重复使用相同的元素，这样不仅可以有效降低用户的学习成本，也可以帮助用户识别出这些元素之间的关联性。相同的元素在整个界面中不断复用，复用元素可以是线框、颜色、控件、圆角、图标、投影、文本格式、空间间距、设计要素等。图5-29所示的页面中，标签栏的位置重复，遵守界面设计规范，符合用户认知，便于使用；健身课程采用模块重复，便于快速浏览信息；图标采用大小重复；专区采用样式重复，展现同级关系。

图5-29　App中重复原则的使用

乡游App“吃住购”和“红传旅”页面分别运用了大小、图片样式、文字样式、模块的重复，如图5-30所示；

图5-30　乡游App中重复原则的使用

“乡村严选”板块遵循了图片样式重复，即都采用同色的背景和商品的挖版图，让界面效果更加统一。

（5）闭合。人们在观察熟悉的视觉形象时，会把不完整的局部形象当作一个整体来感知，这种知觉上的自动补充称为闭合。这种整体闭合与人们的生活经验和记忆有直接关系，因此对于陌生或简略的局部形象来说，大脑会产生负面体验。在信息出现过多时，可以使用色块进行规则化闭合。在设计时，尽量避免使用不规则的布局，以提升用户视觉体验。图5-31所示的页面中，各种元素的位置对齐，形成一定的视觉闭合效果，整体页面显得干净整洁，便于用户快速浏览。

乡游App“品文化”页面中，“热门非遗活动”“线上非遗展览馆”“非遗工匠”模块内元素的排版都保持一致，从而在视觉上形成闭合效果；每个模块各自在一个卡片上，增加整体感，如图5-32所示。

图5-31　App中闭合原则的使用

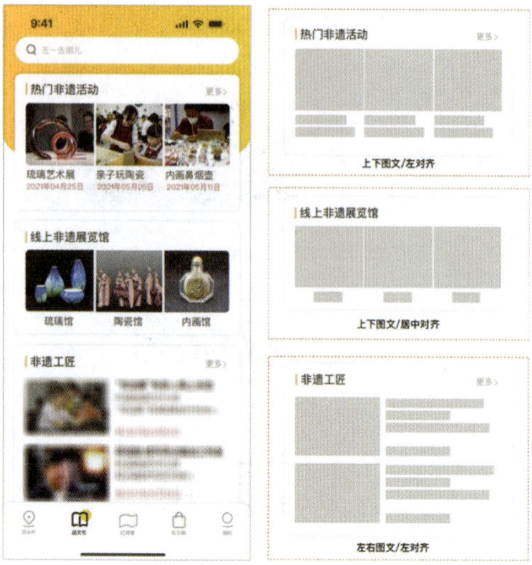

图5-32 乡游App中闭合原则的使用

2. 一级页面设计

不同App的信息架构不同，其一级页面也各不相同，本部分主要针对App中比较常见的一级页面进行介绍，包括首页、个人页和Banner。

（1）首页设计。App的首页是用户进入产品后看到的第一个页面，也是访问最多的一级页面，它的设计对于整个产品来说至关重要，主要体现在以下两个方面。

首页与个人页设计

①承载核心功能：首页是用户查看频率最高的页面，要在第一时间满足用户的需求，因此首页往往承载的是一个产品最核心的功能，影响着核心业务的运行，其设计也应该围绕核心功能展开。

即时通信类App的首页大多采用列表导航，将对话列表自上而下地进行展示，符合用户的浏览习惯，方便用户快速过滤信息，如图5-33所示。

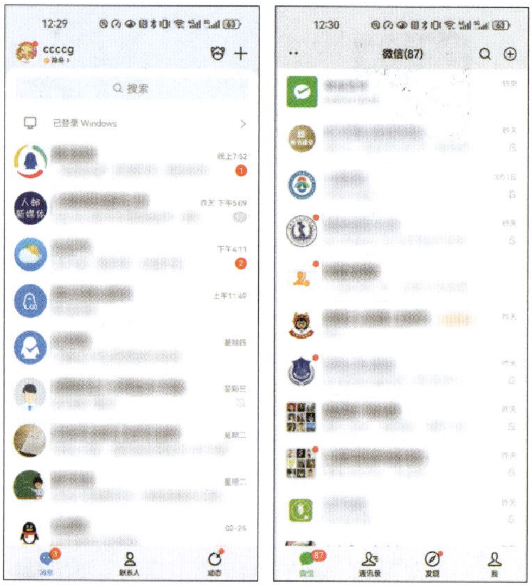

图5-33 即时通信类App首页

出行类App的首页则会将出行预定的功能放在醒目位置，如铁路12306App的订票功能、滴滴出行App的叫车功能，如图5-34所示。

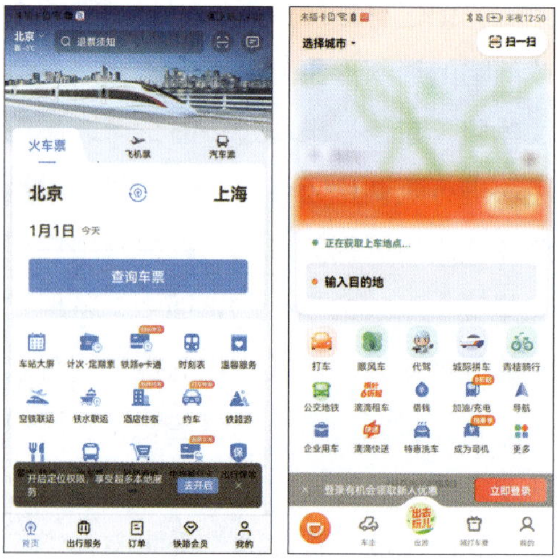

图5-34 出行类App首页

支付宝、携程等生活服务类App，

由于功能数量较多，因此一般会将核心功能以宫格的形式展示出来，在一个屏幕内为用户呈现更多的入口，引导用户快速进入二级页面，以起到分流作用，如图5-35所示。

图5-35　生活服务类App首页

内容消费型App的首页多采用陈列导航，以信息流的形式为用户提供大量内容，提高用户黏性和活跃度，主要有文字信息流、图片信息流、视频信息流三种类型。人民日报、央视新闻等新闻资讯类App以文字信息流为主，用户通过阅读标题信息，了解当前模块的核心内容，再根据自己的喜好决定是否点击进入查看详细的内容，如图5-36所示。文字信息流主要以文字信息吸引用户，有时也会出现图片，然而图片的面积一般较小，主要起到辅助说明的作用。小红书、站酷等App则以图片信息流为主，与文字信息流App相比更加突出图片的主体地位，一般会以一张图片作为封面，标题等文字信息则搭配在图片底部做辅助展示，如图5-37所示。抖音、快手等短视频App主要以视频信息流为主，用户打开App即进入全屏展示的视频流中，文字信息作为辅助信息一般都会被弱化处理，为用户提供沉浸式的体验，如图5-38所示。

图5-36　文字信息流的App首页

图5-37　图片信息流的App首页

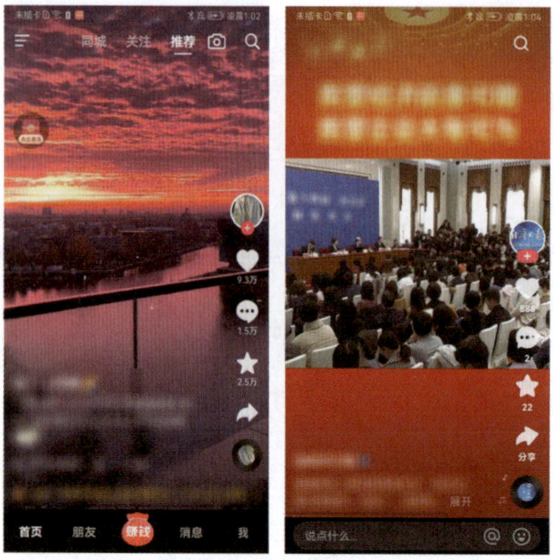

图5-38 视频信息流的App首页

当然，随着App的类型越来越多，各种App首页的设计也更加多元化，以上设计只是一些典型的案例。尽管不同类型App首页的设计形式不同，但都承担了产品最核心的功能，从而在第一时间抓住用户的眼球。然而，设计师不应该盲目照搬或者套用竞品的设计，应针对自身产品的用户实际需求，进行合理的设计。

②代表品牌形象：作为用户第一时间看到的页面，首页的风格决定了产品留给用户的第一印象。因此在设计首页时，应充分考虑用户群体的特征，从而确定合理的风格调性。例如，淘宝和得物均为电商类App，但它们的首页在视觉风格上不同，如图5-39所示。淘宝首页的设计效果更饱满，设计元素也更丰富复杂，视觉风格大众化，这和淘宝的用户群体多样有关；而得物首页的设计元素较为简约，整体更加突出商品本身，视觉风格偏向年轻、极简，这和得物的用户以年轻群体为主有关。

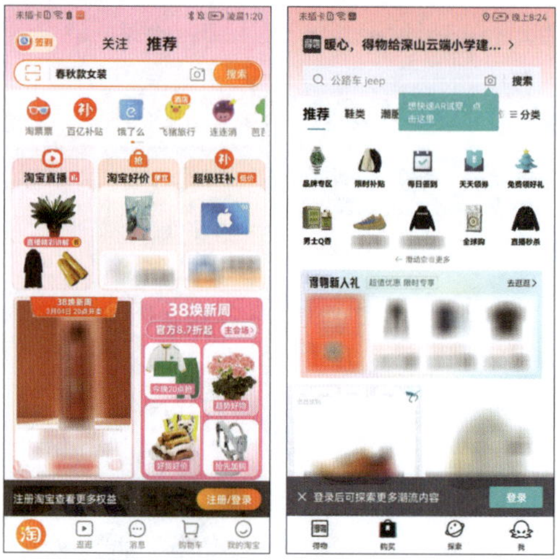

图5-39 淘宝App和得物App的首页

（2）个人页设计。

①个人页的类型：个人账户是社交网络应用的关键部分，用户使用个人账户可以进入网络的虚拟社区并与其他人共享个人信息。严格来说，个人页一般分为两种情况，分别是“我的”页面和“个人主页”页面。虽然这两个页面在设计上有相似之处，但却有着本质的区别，那就是和社交的相关性。“我的”页面与社交的关联性较小，不管是什么类型的App，有无社交属性，用户都需要有一个页面来管理本账户的信息，该页面内容是面向用户自己的；而“个人主页”页面则与社交强相关，个人主页是不同用户之间相互浏览的门户，如微博、小红书等社交App的用户个人主页

内容是面向其他用户的。在社交属性强的App中，“我的”页面和“个人主页”页面同时存在；在社交属性较弱的App中，一般只有“我的”页面。另外，在信息层级上看，“我的”页面是一级页面，通常是标签栏中的最后一个标签；而“个人主页”页面一般是二级页面，是点击用户头像之后进入的页面。图5-40所示为微信读书App“我的”页面和“个人主页”页面。

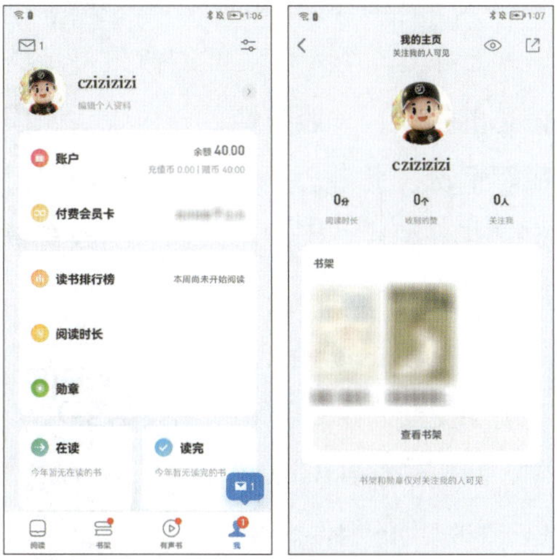

图5-40　微信读书App“我的”和“个人主页”页面

②个人页设计：无论是“我的”页面还是“个人主页”页面，两者通常都有一个聚合用户信息的头部，两种页面中头部的信息有部分重叠，但一般不完全相同，如图5-41所示。总体来说，个人页头部的设计比较自由，没有统一的格式。下面主要对一些常见的内容形式进行介绍。

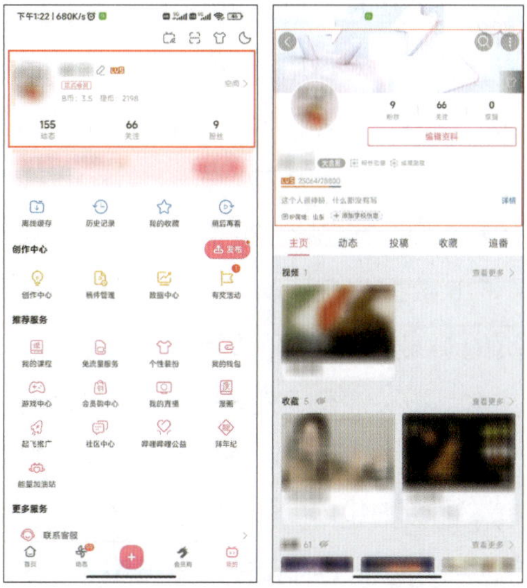

图5-41　哔哩哔哩“我的”和“个人主页”页面

a.头像：头像是一个视觉重量较大的元素，它的位置不仅影响周围很多其他元素的排版，也会给用户不同的感受。从排版上来说，头像基本上有居左、居中和居右三种情况，如图5-42所示。头像居左是一种比较常见的排版方式，其他数据信息可以排列在头像的右侧或者下方；头像居中的形式会让用户的形象更加突出，一般头像的左右两侧

图5-42　居左、居中和居右的头像

不再放置信息，信息集中设置在头像下方，因此相对占用更多纵向空间；头像居右的形式较为少见，给人更加新鲜的感觉，然而由于从左到右的阅读习惯，居右头像的存在感会被相对削弱。

b.数据信息：除了头像之外，个人页的头部还会集成一些数据信息，如关注数、被关注数、发帖数、总收藏数、总点赞数等。不同App的侧重点不同，展示的数据也不同。在设计时应该注意三点：第一，展示的数据类型不宜过多，以免用户阅读疲劳；第二，数据中的数字应该做适当的突出设计，如加大字号、字重等；第三，除了数据之外，App还可以根据功能需求，在头部放置其他信息。例如，图5-43所示分别是Yesoul健身App和帆书App的“我的”页面，这两个App均需购买会员，所以在

图5-43　Yesoul健身App和帆书App个人页中的数据信息

个人页上部分视觉中心展现的内容为会员购买情况，突出会员地位；下方显示历史、数据等信息，展现个人使用数据，对个人情况形成总结。

c.按钮：除了头像和数据外，一些个人页的头部还会设置按钮，按钮的位置相对灵活。在“我的”页面中，可能会有供用户自己使用的“编辑信息”按钮；在“个人主页”页面中，则一般会设置“关注”“发消息”等供其他用户和自己产生互动的按钮。

d.背景：个人页头部的背景是承载信息的容器，一般有纯色背景、头像模糊等情况。此外，一些App支持用户自定义背景图片，用户可以通过更改背景图片彰显个性。

（3）Banner设计。在前期交互设计的学习中，我们了解到Banner是一种常用的组件。在一级界面中，Banner经常作为吸引用户流量的入口，有助于产品运营。在视觉设计层面，做好Banner设计对整个页面甚至整个产品都起着举足轻重的作用。

Banner设计

①Banner的常见类型如下。

a.照片类：以照片为主要元素，如图5-44所示。照片在传达信息时更加直观，可以直观地表达产品的特点和卖点，使信息传达更加简洁明了。同时，照片的视觉冲击力较强，能够迅速吸引

用户的注意力，增强视觉效果。在设计时，可以结合不同的创意元素和设计手法，如字体设计、手绘合成等，营造出独特的视觉效果。

图5-44　照片类Banner

b.文字类：以文字为主要元素，如图5-45所示。文字能够直接传达信息，不需要过多的视觉转换就可以清晰地表达广告的主题和内容，使用户可以快速地理解广告内容，提高广告的接受度。在设计时，一方面要注意字体的视觉冲击力，对字形、笔画进行细致设计，注意设计调性和界面整体风格搭配；另一方面要注意文案的质量，通过有记忆点的文案，加深用户的印象，激发他们的兴趣和好奇心。

c.插画类：以插画为主要元素，如图5-46所示。插画具有视觉冲击力和艺术感染力以及记忆性和识别性，能够让人们快速地回忆起品牌或产品，增强品牌形象和知名度。插画的设计风格丰富多样，如手绘、矢量图形、水彩等，在设计时需要选择和产品整体风格调性相符的样式，以营造出独特的视觉效果和品牌形象。

图5-45　文字类Banner

图5-46　插画类Banner

②Banner的常见布局如下。

a.居中布局：将主体文案放在画面的正中心进行构图，如图5-47所示。这种构图方式能够突出主体，使画面达到平衡的效果。同时，居中构图还能够强调画面的主体元素，突出主题和重点。

图5-47　居中布局Banner

b.左右布局：将主体文案和图形等其他元素分别排版在画面左右两侧，从而达到画面视觉平衡的效果，如图5-48所示。这里的左右不仅指的是居中左右，也可以是对角线的位置。这种布局形式最常见，容错率也比较高。在左右布局中，可以根据版面内容的信息量划分画面的空间，常用的版面分割比例有1∶1.618、1∶1.414、1∶1、1∶2、1∶3等，其中1∶1.618又称为黄金分割比，1∶1.414又称为白银分割比。

图5-48　左右布局Banner

c.上下布局：将文案主体和图形等其他元素排列在画面上下两侧，从而达到画面视觉平衡的效果，如图5-49所示。同时，上下布局能够更好地展示出信息的层次感和主次关系。通常会把重要的信息放在顶部，次要的信息放在底部，从而使整个Banner的信息展示更加具有逻辑性和条理性。

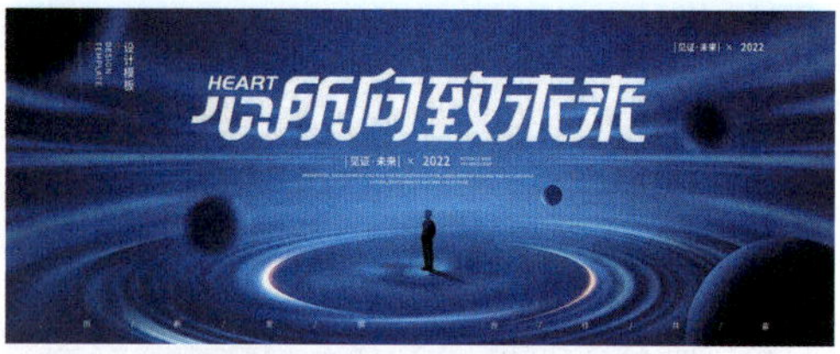

图5-49　上下布局Banner

3. 二级页面设计

（1）详情页设计。详情界面通常是用户点击列表中某个数据后进入的页面，展示该数据的详细信息。设计师需要考虑到详情页面的布局、字体大小、颜色、图片等元素，使用户可以清晰地了解信息，并且可以根据需要进行操作。图5-50所示为携程旅行App专题页面和帆书App专题页面，两个专题设计页面各有特色。

图5-50　携程旅行App和帆书App的专题页面

（2）设置页设计。设置界面通常是用户可以修改App设置、个人信息等内容的页面。设计师需要考虑到设置界面的布局、颜色、图标、字体等元素，使得用户可以轻松地进行操作，同时也需要注意设置页面要简洁明了，不要过于复杂和混乱，以免用户操作失误。图5-51所示分别为微信、QQ、支付宝三个App的设置界面。

图5-51 微信、QQ、支付宝的设置界面

（3）列表界面。列表界面通常用于展示大量数据，如新闻、商品、联系人等。设计师需要根据数据的种类量身定制展示方式，如是否需要分类、排序、搜索等功能，以及如何使用图表、列表、卡片等形式合理地呈现数据，图5-52所示为淘宝App商品搜索结果界面，用户可自行选择使用图表或者列表形式进行展示。

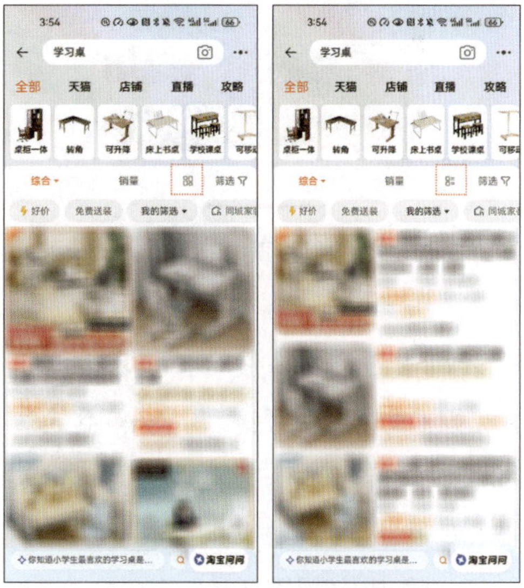

图5-52 淘宝App的列表页面

课堂练习

（1）乡游App首页设计。乡游App首页主要推广各种旅游信息。为了更好地展示旅游信息，首页采用顶部Banner与瀑布流结合的方式，主要以图片展示旅游信息，吸引用户注意力，以获得点击率。具体设计步骤可扫码学习，首页效果图如图5-53所示。

乡游App首页设计

图5-53　首页效果图

（2）乡游App商品列表页面改版。乡游App为了助力农村经济发展，开辟了商城板块，专门进行农产品的销售。商城板块设置商品列表页面，以展示农产品的具体信息。为了让用户更清晰地浏览商品信息，我们对商品列表页进行改版设计，旨在让商品信息更加直观。具体改版过程可扫码学习，改版后的列表页面如图5-54所示。

乡游App商品列表页面改版

图5-54　商品列表页面修改前后对比效果

最终，这项工作的成果不仅是一个视觉上更为吸引人的布局，还有助于提升用户满意度，减少认知负担，加速决策过程。它证明了UI设计不止于表面的装饰，而是功能与形式的完美结合，其目标是营造一个无缝且富有吸引力的用户环境。

通过这一系列的设计迭代，我们深刻地理解到，优秀的UI设计是通过不断的精细调整、用户反馈和数据分析来实现的。这个过程中蕴藏的创意和细节关注，是确保产品在激烈的市场竞争中脱颖而出的关键。每一步都是在精进技艺，提炼设计思路，最终呈现给用户的不只是一个产品，而是一种体验、一种乐趣与一段旅程。对UI设计师而言，这是一场追求极致的旅程，我们期望每一位设计师在这一旅程中不断探索、学习并臻于完美。

工作任务 乡村旅游App一级页面、二级页面设计

学生工作手册

工作情景描述

根据前期已经确定的乡村旅游App界面设计风格与规范，现需要完成乡村旅游App的一级页面、二级页面设计。

活动思考

问题1：格式塔心理学五大原则是什么？

问题2：个人页设计时需要注意什么？

问题3：乡村旅游App中，小组确定的首页是哪一页？为什么是首页？

问题4：二级页面设计中可能遇到的问题是什么？解决办法是什么？

思想提升

“天行健，君子以自强不息；地势坤，君子以厚德载物”出自《周易》。意思是天的运动刚强劲健，相应于此，君子应刚毅坚卓，发奋图强；大地的气势厚实和顺，君子应增厚美德，容载万物。君子应该像天宇一样运行不息，即使颠沛流离，也不屈不挠；如果你是君子，接物度量要像大地一样，没有任何东西不能承载。在工作任务中，我们的哪些行为符合这句话的意思？你做到了多少？

工作任务实施

活动步骤	活动要求	活动安排	活动记录
步骤1：设计首页	根据确定的首页原型图，完成首页效果图设计	具体活动1：根据前期完成的界面设计规范要求，每人完成首页设计	
		具体活动2：组内讨论每个人作品的优劣，分析存在问题与修改方向	
		具体活动3：组内共同研究，确定最终首页设计方案	
步骤2：设计个人页	分析个人页应包含的内容，结合界面设计原则，完成个人页设计	具体活动1：小组分工，确定个人页设计任务	
		具体活动2：个人页设计完成后，进行组内评价，并修改完善	

续表

活动步骤	活动要求	活动安排	活动记录
步骤3：完成其他一级页面设计	根据每个小组一级页面的设定内容，分工合作，完成所有一级页面设计	具体活动1：根据小组设计的一级页面，组员分工合作，完成其他一级页面的制作	
		具体活动2：页面自查，根据界面设计原则与界面设计规范，检查一级页面的风格、规范一致性，确保所有页面为一个整体	
步骤4：确定二级页面内容	小组针对目前乡村旅游App进度，确定二级页面内容	具体活动1：整理前面工作任务结果	
		具体活动2：小组合作，分析确定二级页面的原型图与交互内容	
步骤5：制作二级页面	小组分工合作，完成二级页面制作	具体活动1：小组成员分工合作，使用设计软件完成二级页面制作	
		具体活动2：小组内互评，分析二级页面存在问题，并探讨如何改正	
		具体活动3：再次修改完善二级页面	
步骤6：整理全部App内容	整理全部App设计内容，形成汇报稿	小组汇总乡村旅游所有设计内容，统一查看效果与问题，并再次修改内容	

评价与总结

一级指标	二级指标	评价内容	分值	自评	互评	教师	企业专家
学习过程（50分）	学习能力	能够使用界面设计原则指导界面设计实践	10				
		所有界面信息层级清楚，风格一致，细节统一	10				
	小组协作能力	能够在小组中与他人合理分工合作，共同完成界面设计作品要求	10				
	表达能力	能够与用户进行沟通交流，表达清晰、具有亲和力	10				
		能够分享自己组的设计结果，表达准确流畅、逻辑清晰	10				
作品得分（50分）	职业岗位能力	乡村旅游App汇报清楚明确	20				
		界面美观，交付结果符合界面设计规范	20				
		企业满意度	10				
总结							

老师提示

格式塔心理学五大原则并不是独立存在的，它们应该是相辅相成、高度关联的。在实际工作中，我们要根据不同的需求和使用场景，将这些基本法则组合使用，才能使设计方案更加和谐有序、层次分明。

项目 6

适老化App设计交付

项目概况

项目背景

2024年1月，国家统计局发布的数据显示，2023年末60岁以上人口已占全国人口的21.1%，这意味着中国已正式迈入中度老龄化社会。据2023年3月发布的第51次《中国互联网络发展状况统计报告》，截至2022年12月，我国网民规模达10.67亿人，互联网普及率达75.6%。从网民年龄结构看，60岁及以上群体占比显著提升，达到14.3%，即60岁及以上老年网民规模达1.53亿人。另外，据社会科学院的研究发现，银发族的学习意愿强烈，有93.4%的银发族认为自己可以学会手机上网。这种驱动力不仅来自数字化生活的要求，同时也来自社会交往中他人的要求和期望。

为进一步推动解决银发族在智能技术运用方面遇到的问题，帮助他们更好地共享信息化发展成果，各政府部门陆续发布多项与适老化相关的通知。以各头部互联网为代表，UI设计的适老化改造也拉开了序幕。

项目导入

随着年龄的增长，老年人的健康水平有着不同程度的下降。在银发经济背景下，校企合作设计公司决定为老年人设计一款康养资讯类App，以普及正确

的健康营养知识，提升老年人对自身营养管理的意识，帮助他们改善饮食习惯。现在，公司团队邀请同学们一起，了解App的开发工作，并参与App的交付。

企业要求

（1）利用适老化设计规范，对康养资讯App进行完善优化并形成最终方案。

（2）对最终方案进行设计切图、标注和走查，完成交付。

工作任务

1. 任务要求

（1）按照适老化设计规范，发现问题并提出合理的适老化改进策略，小组合作产出优化方案并面向企业进行展示汇报，为后续的设计交付做准备。

（2）通过自主学习探究，掌握标注切图工具的使用方法，完成适老化App界面的标注与切图，向企业交付；能够与企业进行对接，确保开发完成的界面符合设计效果。

2. 任务形式

小组合作、展示汇报。

3. 建议学时

任务1 UI的适老化设计：4学时；任务2 界面标注与切图：4学时。

工作标准

1. 界面设计“1+X”职业技能等级标准

（1）任务2中设计交付与走查对接“具备与开发人员进行沟通能力”的要求。

（2）任务2中标注切图规范对接“能按照开发规范输出各类终端产品所需分辨率的切图与标注”的要求。

（3）任务2中设计走查流程对接“能了解网页设计的工作流程（含原型图—视觉稿—设计规范—切图与标注—前端开发—项目走查）”的要求。

2. 大学生创新创业大赛标准

（1）工作任务立足于人口老龄化时代背景，意图通过对App进行适老化设计，帮助老年人跨越“数字鸿沟”，让他们更方便地使用互联网产品，更好地融入现代生活。这对于在全社会形成敬老助老的风气、推进老年人人文关怀等方面具有积极的推动作用，对接“项目对社会文明、生态文明、民生福祉等方面的积极推动作用”的要求。

（2）任务1要求学生按照产品经理、用户研究员、交互设计师、视觉设计师的岗位进行分组，确保每个小组是一个完整的产品团队。团队具有App设计各个层面的知识，对接“团队的组成原则与过程科学合理”“团队具有支撑项目成长的知识、技术和经验”的要求。

任务1 UI的适老化设计

知识导入

根据你的生活经验，说说身边的老年人使用智能手机的情况。他们最喜欢使用哪些App？在使用App时遇到哪些问题？你有没有帮助老人使用App的经历？

学习目标

1. 素质目标

（1）培养尊老、敬老、爱老的情感。

（2）培养用设计提升民生福祉的职业使命感。

（3）提升知规范、懂规范、用规范的职业素养。

2. 知识目标

（1）了解适老化设计相关概念。

（2）了解银发群体的特征与其在界面中的需求。

（3）掌握适老化App设计规范。

3. 能力目标

（1）能针对设计规范，查找App中适老化设计的问题。

（2）能运用设计规范，针对App进行适老化设计优化。

知识准备

1. 什么是适老化设计

适老化设计的概念最早在建筑设计、室内设计中被提出，其是指在住宅中或在商场、医院、学校等公共建筑中充分考虑老年人的身体机能及行动特点做出相应的设计。适老化设计强调“以老年人为本”的设计理念，从老年人的视角出发切实去感受老年人的不同需求，从而设计出适应老年人生理以及心理需求的建筑及室内空间环境，最大限度地帮助这些随着年龄衰老出现身体机能衰退，甚至是功能障碍的老年人，为他们的日常生活和出行尽可能提供方便。图6-1是室内设计中常见的适老化设计体现。

图6-1 室内设计中的适老化设计

随着社会老龄化程度的提升和银发经济的发展，适老化设计的概念已经被越来越广泛地应用在包括UI设计在内的更多领域。2020年11月，国务院办公厅印发了《关于切实解决老年人运用智能技术困难的实施方案》，就进一步推动解决老年人在运用智能技术方面遇到的困难，坚持传统服务方式与智能化服务创新并行，为老年人提供更周全、更贴心、更直接的便利化服务做出部署。2020年12月25日，工业和信息化部召开新闻发布会，明确了帮助老年人更好地应用智能技术的一系列措施，并提出将于2021年1月起在全国范围内开展为期一年的互联网应用适老化及无障碍改造专项行动，对新闻媒体、社交、购物等主流网站和App提出了适老化改造的要求。2021年，工业和信息化部进一步推动互联网应用适老化及无障碍改造专项行动实施工作，助力老年人、残疾人等重点受益群体平等便捷地获取、使用互联网应用信息。

在国家的重视和推进下，越来越多的互联网产品开始探索适老化设计的道路，以化解“数字鸿沟”。目前各企业在提供适老化服务时，主要分为两种情况：第一种是将适老版界面内嵌在App中，提供入口供用户切换，这种方案目前在市面上使用较多，入口通常放置在设置中，如一些App推出的长辈模式、大字模式、关爱模式等；第二种是开发单独的适老版App，如百度关怀版、酷狗大字版等，用户在应用商店搜索“大字版”“关怀版”等关键词即可下载。图6-2所示为滴滴出行App的“助老打车”界面，即滴滴出行App专门针对老年人推出的打车模式，该界面操作简单、字大、无广告，同时还集合了查公交功能，一次性解决老年人的出行需求。图6-3所示为百度关怀版App界面，相比百度App的界面，该界面加入了针对长辈设计的功能。每个功能模块都用了明亮的大色块加大字体设计，简单明了，上手几乎零门槛，并且支持语音搜索，避免老人打字。同时，新增百宝箱功能，提供大量针对老人的常用工具，如“带孩子”“学养生”等。图6-4所示为中国农业银行App大字版界面，该界面的功能做了筛选精简，一级页面仅保留常用功能，布局清晰；语音操作放在最重要的位置，方便年长用户操作；配色也针对年长用户的生理特征进行了加深处理。

图6-2 滴滴出行App“助老打车”界面

图6-3　百度关怀版App界面

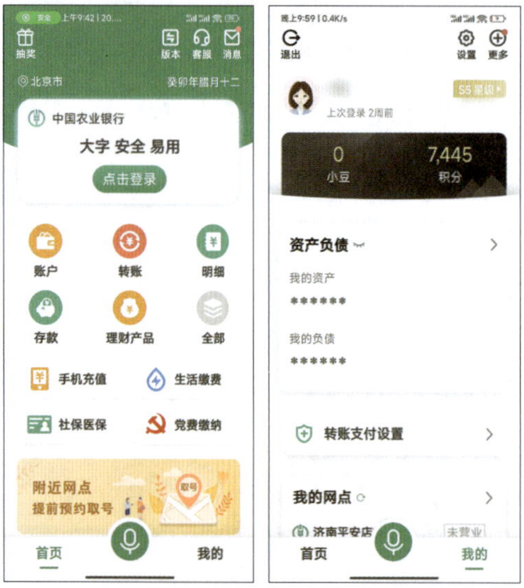

图6-4　中国农业银行App大字版界面

2. 银发群体的特征与需求

“数字鸿沟”出现的核心原因是现在的产品缺乏适应银发群体特点的设计。受技术、文化与自身因素制约，银发群体与其他群体在信息技术使用程度上存在着很大差别，他们在生理、心理方面都存在一定的障碍，进而衍生出一些产品设计层面的特殊需求。

（1）信息获取——视觉、听觉障碍。随着年龄的增长，年长用户视觉的敏感度、明暗感觉、空间感、色彩感都会有所下降，而且年长用户患有眼部疾病的概率会有所增加。60岁以上的老年人中，视觉器官老化导致视力减退者为47.9%。常见的问题有字小、字的颜色淡、难以识别蓝紫色为代表的冷色调颜色、动态视觉感知弱等。老年人耳聋的发病率也有所增加，常见的问题有听不到、听不清、觉得语速过快等。

（2）信息理解——认知障碍。人的认知能力也会随着年龄的增长而下降，老年人会出现反应慢、判断力下降、学习能力退化等情况。在这种情况下，年长用户接触互联网的心理障碍就更加剧了。常见的问题有找不到功能入口、难辨别信息真伪、不理解图标/图片的意思等。

（3）信息操作——行动障碍。老年人的行动以及各项操作会随着年龄的增长而变得缓慢、不协调。而且老年人的细胞水分减少，皮肤皱纹加深，会使得触屏灵敏度大大降低。动作精准度的下降使得老年人无法准确地完成手势操作，常见的问题有不会复杂的手势操作、容易误触、点击困难、无法长时间连续操作等。

3. 适老化App设计规范

2021年4月，工业和信息化部发布通知，制定了互联网产品的适老化通用设计规范，包括针对网站设计的《互联网网站适老化通用设计规范》和针对App设计的《移动互联网应用（App）适老化通用设计规范》。下面将结合《移动互联网应用（App）适老化通用设计规范》中的内容（以下简称《规范》）和各类产品适老化设计现状，介绍如何进行适老化设计。

（1）产品设计。

适老化 App 产品设计规范

①提供适当提示：《规范》建议应在用户安装移动应用时为适老化设置、老年人常用功能提供显著的引导提示。在产品设计时，设计师需要在首页和设置中提供适老版本入口，且支持通过搜索关键词直达入口，避免入口隐藏太深，确保用户能快速开启适老版本。同时，退出适老版需要二次确认关闭，防止用户误触。图6-5所示为喜马拉雅App退出长辈模式时的弹窗界面，其设计意图一方面是请用户再次确认是否退出，避免误操作；另一方面是提示用户切换长辈模式的途径，方便用户再次进入。

另外，用户初次下载App或适老版上线的时候，App应提供功能开启引导或功能上新提示，告知用户功能的入口、如何操作开启，并明确适老版是什么，开启后界面会有怎样的变化，给用户心理预期。图6-6所示为中信银行手机银行App长辈模式界面，在用户初次使用该App时，该页面会给予功能引导，帮助用户快速上手。

图6-5　喜马拉雅App退出长辈模式二次确认界面

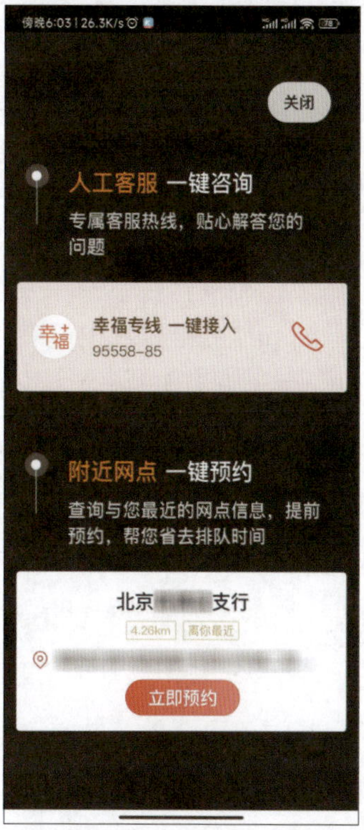

图6-6　中信银行手机银行App长辈模式界面

②拒绝引导性内容：目前，市面上很多应用有着各种各样的广告、推销、诱导下载链接等，而年长用户辨别信息真假的能力较低，容易受骗，所以在适老版中严禁出现推销广告等内容。《规范》中的限制如下：适老版界面、单独的适老版App中严禁出现广告内容及插件，也不能随机出现广告或临时性的广告弹窗；禁止诱导类按键，移动应用程序中无诱导下载、诱导付款等诱导式按键。

③保障信息安全：《规范》提出，移动应用程序进行个人信息处理时应遵循最小必要原则，即处理个人信息应当有明确、合理的目的，并应当限于实现处理目的的最小范围，不得进行与处理目的无关的个人信息处理，以保障年长用户个人信息安全。

④精简功能：随着互联网的发展，App已经进入现代人生活的方方面面，市面上App提供的功能也越来越丰富。然而对于年长用户来说，他们的生活较为简单，对于App的功能需求也没有那么复杂，因此过于丰富的功能对于年长用户来说反而是一种负担。作为产品设计师，在规划单独的适老化App或者对现有App进行适老化改造时，应该考虑年长用户对于功能与内容的接受能力与真正需求，做好减法，只保留年长用户真正需要的功能和内容，同时还可以做一些针对性的设计。例如，图6-7所示的喜马拉雅App的长辈模式对App原有的功能进行了重构和精简，如减少了会员专区、分类等较为复杂的功能，取消首页上的节目列表导航，取而代之的是针对长辈做针对性的内容分类和推荐，如说书、评书、戏曲等。

（a）标准版　　（b）长辈版

图6-7　**喜马拉雅App标准版和长辈版界面对比**

⑤文案设计：银发群体受教育程度不同且接触互联网的时间短，因此他们对互联网术语的理解力不强。在文案设计时需要采用通俗易懂的口语化文字，并尽量用动词短语代替专业性较强的名词术语，帮助年长用户理解。例如用“交话费”代替“手机充值”，用“换一批”代替“刷新”，年长用户难以理解的“1.0倍速”“1.5倍速”的概念则可以用“常规速度”“快速”等字样来代替。

适老化 App
交互设计规范

（2）交互设计。

①组件焦点大小：由于年长用户在使用触

屏的过程中灵敏度较低，所以设计App时，在放大文字、图标等控件的同时，对于可点击组件的热区也需要同步放大。《规范》建议适老版界面中的主要组件热区尺寸不小于60dp（pt）×60dp（pt），其他页面下的主要组件热区尺寸不小于44dp（pt）×44dp（pt）；单独的适老版App中首页主要组件热区尺寸不小于48dp（pt）×48dp（pt），其他页面下的主要组件热区尺寸不小于44dp（pt）×44dp（pt）。例如，图6-8所示的中国工商银行App的适老版本便扩充了部分功能热区的面积，以“扫码取款”为例，热区覆盖了图标、图标下方的文字和周围的连续空白区域，用户只要点击在热区范围内便都可以进入该功能。

图6-8 中国工商银行App大字版界面

②手势交互：年长用户由于行动和认知障碍，对于手势交互比较难学习理解并流畅操作。因此《规范》建议在移动应用中，应对用户进行手势导航或者对操作的结果提供反馈提示，并避免需3个或以上手指才能完成的复杂手势操作。具体来说，可以注意以下几点：第一，尽量使用简单的交互，单指优于多指，单击优于多次点击，单一的手势优于组合手势，可以优先使用点击、上下滑动、左右滑动、放大缩小这四类年长用户最熟悉的手势；第二，避免使用需要控制力道触发的手势，如长按下拉，年长用户把控不好力度，很容易操作失败；第三，对于有一定学习成本的手势，应当给出引导教学；第四，给手势操作及时反馈，避免用户误认为没有触发到而多次点击。

③操作时间：年长用户对于一些动态信息的感知度比较低，在条件允许的情况下，尽量为用户的操作留下充足时间，在用户操作完毕前界面不发生变化。如果页面中出现一些提示信息，可以采用以下方案让提示更友好：适当延长时间，避免用户还没读清内容就消失了，如适当延长消息弹窗（Toast）的显示持续时间，或者将短暂停留的内容调整为常显，由用户自行操作确认关闭；还可以利用振动等其他感官提醒优化提示，如消息推送时的振动及消息提示音、警告场景下的长振动等。

④关闭按钮：《规范》建议在移动应用中，若内容产生新窗口（包含但不限于弹窗），应设置易于用户关闭窗口的按钮。关闭按钮只可在左上、右上、中央底部，且最小点击响应区域不能小于44dp（pt）×44dp（pt）。

⑤简化界面布局：目前市面上App的很多界面布局复杂，承载大量内容，而这种丰富的布局对于年长用户来讲不利于集中视线。所以在适老化设计中，建议采用尽量简单的布局模式，聚焦内容，减少用户视线主焦点的转化，这样更便于年长用户阅读与理解。例如，图6-9所示的酷狗大字版App一改标准版中丰富多样的布局样式，将年长用户高频使用的音乐分类全部转换成卡片样式进行罗列，帮助用户快速找到想听的音乐。

⑥简化操作路径：年长用户对于互联网接触较浅，在使用新产品时候经常会出现“我在哪儿”“我在做什么”“接下来我要做什么”等困扰。针对这些问题，可以适当提供操作引导，告知用户所处的位置，同时减少非必要操作，用简单交互代替复杂交互，如在填写信息时，尽可能用选择框代替输入框，尽可能避免烦琐的打字过程，如果必须由用户亲自输入信息，则尽量提供明显的语音输入入口。图6-10所示为铁路12306App的爱心版界面，设计师对标准版界面进行了重构，用大字+卡片的形式醒目展示核心功能，同时添加“电话订票”功能，帮助不熟悉网络订票的年长用户一键拨打电话订票。

（a）酷狗音乐App　（b）酷狗大字版App

图6-9　**酷狗音乐App和酷狗大字版App界面对比**

（a）标准版界面　（b）爱心版界面

图6-10　**铁路12306App标准版和爱心版界面对比**

（3）视觉设计。

适老化 App
视觉设计规范

①文字设计：第一，在字号方面，针对老年人的视力障碍，适老化设计要有意识地增加文字字号。《规范》建议主要文字信息不小于18dp（pt），主要功能及主要界面的文字信息最大字体不小于30dp（pt）。同时，《规范》建议字号大小可随系统设置调整或内部具备字体大小设置选项。第二，在字体方面，在文字大小相同的情况下，非衬线体比衬线体结构更加清晰，因此文字建议使用非衬线体，不建议使用宋体、楷体等衬线体，以减少不必要的视觉干扰，保证易读性。第三，在字重方面，可以适当提高字重，使文本轮廓更加清晰。图6-11所示为微博App和微博大字版App界面的对比，可见微博大字版延续使用了微博中的非衬线体，且显著加大了文字字号，并将博主昵称等关键文字的字重加重。

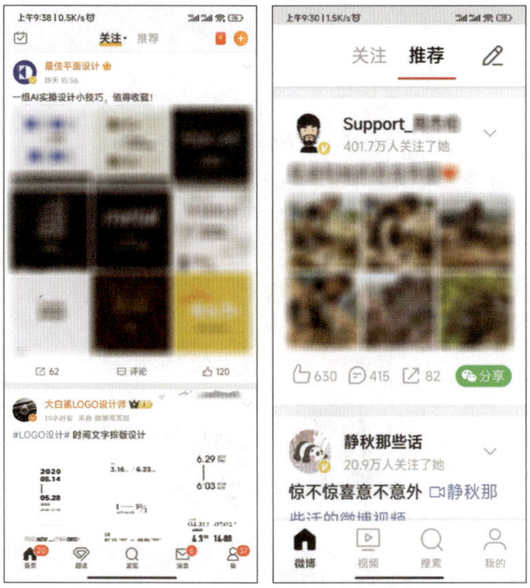

（a）微博App （b）微博大字版App

图6-11 微博App和微博大字版App界面对比

随着用户年龄的增长，视觉障碍会不断加深，除了以上措施，一些企业还做出了更加人性化的尝试，如微信支持听文字消息，用户轻触聊天中的文字消息，可以播放消息内容，如图6-12所示。

图6-12 微信App长辈模式“听文字消息”功能

②色彩设计：老年人眼睛晶体变浑浊、变黄，导致对色彩的感知减弱，因此设计时应该有意识地提高色彩的对比度，将色彩拉开差距以保证年长用户可以清晰识别信息，如图6-13所示的中国农业银行App就适当加深了大字版界面的主

（a）标准版　　（b）大字版

图6-13　**中国农业银行App标准版和大字版界面对比**

色，以提高对比度。《规范》建议文本/文本图像呈现方式、图标等元素间的对比度至少为4.5∶1。这一标准源自 WCAG 标准，即Web Content Accessibility Guideline（Web 内容无障碍指南），它是业界公认的无障碍设计指导标准，其中关于色彩对比度的标准包括增强标准（AAA 级）和最低标准（AA 级）。增强标准（AAA级）指的是文本和文本图像至少有7∶1的对比度，大号文本以及大文本图像至少有4.5∶1的对比度；最低标准（AA级）是指文本和文本图像至少要有4.5∶1的对比度，大号文本以及大文本图像至少有3∶1的对比度。为了检验App界面是否达到这一标准，可以使用色彩对比工具去进行测试，常用的工具有WebAIM等。测试时将需要对比的前景色和背景色色值输入后，系统会自动计算对比度，同时支持预览色彩应用在普通文字、加粗文字和组件上的效果，并判断是否符合AA级和AAA级的要求。

颜色是UI设计最重要的元素之一，设计师经常通过不同颜色去传达一些信息，如成功、失败等。但是在无障碍设计中，颜色不应当作为传达信息、表明动作、提示响应等区分视觉元素的唯一手段，还需要有另外一种区分方案。例如：使用粗体突出显示文本、图标和文本结合使用传达成功或失败的信息，使用线条粗细、纹理或图案区分图标样式，使用不同的图案传达信息等。图6-14所示的京东App长辈版，其标签栏在表示标签选中态时，不仅通过颜色变化作为区分，同时在标签下使用曲线段的图形装饰，辅助说明标签的选中状态。

图6-14　**京东App长辈版界面**

③间距设计：《规范》建议段落内文字的行距至少为1.3倍，且段落间距至少比行距大1.3倍，同时兼顾移动应用适用场景和显示效果。通常标题行间距为1.3倍、文字行间距为1.5～1.8倍时的视觉效果是最舒适的。

④图标设计：图标要尽量采用拟物化、通用化的设计，图形的设计要符合老年人的生活经验和认知习惯，并尽可能做具象化的处理，便于年长用户理解，不建议使用过于抽象的形象和过于复杂的装饰。同时，建议图标搭配文字描述进行辅助说明，便于清晰、快速理解。图6-15所示的“消息”图标，调整前是简约的线性风格，在进行适老化改造时，第一步提高图标面积，便于识别；第二步进行拟物化处理，图形模拟对话框的样式进行重新绘制，把线性风格转化成面性风格，并填充较为鲜艳的绿色和黄色，便于年长用户辨认；最后一步搭配文字进行辅助说明，便于年长用户明确功能。

图6-15　“消息”图标适老化改造过程

⑤图片设计：对于年长用户来说，具象的图片比抽象的图形更容易理解，而且会给用户传递真实感从而提升用户对产品的信任度。因此在设计时，尽量使用真实的图片素材，减少插画等抽象图形的使用。例如，图6-16所示的中国银行App在适老版的设计中采用了大量的真人场景配图，帮助用户快速理解。

图6-16　中国银行App长辈版界面

工作任务 UI的适老化设计

学生工作手册

工作情景描述

校企合作设计公司设计了一款老年康养资讯App，现在邀请同学们针对UI中的适老化设计知识，对这款App进行完善和修改并形成最终方案，为后续的交付做准备。

活动思考

问题1：在UI设计中，银发群体有哪些常见的特征与需求？

问题2：国家在什么时候提出了适老化App的设计规范？具体内容有哪些？

问题3：打开一个App的适老模式，对比原版本，说说有哪些不同。这样设计的意图是什么？

思想提升

尊老为德，敬老为善，爱老为美，助老为乐。学习本任务之后，谈谈作为设计师应该如何在工作中做到“尊老、敬老、爱老、助老”。你对设计师的社会责任感又有了什么新的感悟？

工作任务实施

活动步骤	活动要求	活动安排	活动记录
步骤1：小组分工	每4人为一组进行分组，明确分工	具体活动1：分组，每4人一小组	
		具体活动2：分工，确定1名产品经理，1名用户研究员，1名交互设计师，1名视觉设计师	
步骤2：小组讨论，发现问题	小组讨论案例中的问题和改进策略，并做记录	具体活动1：小组讨论，针对适老化App设计规范，在产品设计、交互设计、视觉设计等方面查找案例中存在的问题，并做记录	
		具体活动2：小组讨论，制定案例中问题的改进策略，并做记录	

续表

活动步骤	活动要求	活动安排	活动记录
步骤3：优化案例	结合讨论情况，针对案例进行修改优化	具体活动1：小组合作，针对案例进行优化，形成最终方案	
		具体活动2：制作汇报PPT文件，要将方案图与原图做对比，并阐明设计意图	
步骤4：总结汇报	连线企业，将优化方案进行汇报	具体活动1：课堂与企业连线，各小组推选一名代表汇报方案	
		具体活动2：听取企业点评	

评价与总结

一级指标	二级指标	评价内容	分值	自评	互评	教师	企业专家
学习过程（50分）	自律能力	能够在规定时间内完成下发的各种任务	2				
	学习能力	能够通过自学线上资源，完成自测	3				
		掌握UI适老化设计的概念和规范	15				
	实际操作能力	能够对App进行适老化设计	20				
	小组协作能力	能够与小组成员分工合作，有团队精神	10				
作品得分（50分）	职业岗位能力	设计方案符合适老化设计规范，满足银发群体的特征和需求	20				
		能够流利汇报方案，表达准确流畅、逻辑清晰	10				
		企业满意度	20				

续表

一级指标	二级指标	评价内容	分值	自评	互评	教师	企业专家
总结							

老师提示

UI设计的适老化，不是简单地放大字号、加深色彩，而是要站在老年人角度考虑，在产品设计、交互设计和视觉设计全方位进行适老化设计，让老年人真正做到敢用、会用、好用、爱用。

任务2 界面标注与切图

知识导入

我们使用设计软件完成的UI作品是一张张图片，如果想让它们动起来，变成可交互的状态，就需要程序代码的支持。UI效果图完成后，UI设计师需要将图片交由开发工程师进行前端设计，那么将所有设计图都给开发工程师就可以吗？这显然是不可以的，UI设计师需要对效果图进行标注和切图。本任务就是学习界面标注与切图的知识。

学习目标

1. 素质目标

（1）培养精益求精、严谨认真的职业精神。

（2）培养沟通协作能力。

（3）提升知规范、懂规范、用规范的职业素养。

2. 知识目标

（1）掌握界面切图原则。

（2）了解界面标注与切图的主流软件及其使用方法。

3. 能力目标

（1）能使用标注与切图软件，规范完成界面标注与切图。

（2）能按照切图命名规则，准确命名切图。

知识准备

1. 项目文件整理

任何一个项目都是工作人员不断打磨出来的，这期间会产生很多过程性文件。将这些过程性文件进行科学合理的分类，是设计师必备的职业素养，这一做法有利于对项目进行全面把控，提高团队协作效率。分类时，可以按照项目进行过程梳理项目文件，方便团队成员之间理解与沟通；也可以设置为项目说明、项目素材、交互设计、视觉设计、设计展示、标注切图等文件夹，然后在每个文件夹内部再进行细节分类，如视觉设计文件夹中可分为设计规范、一级页面、二级页面等内容，如图6-17所示。具体项目文件的梳理需要根据项目实际情况，经成员沟通后确定，保证项目组成员能够理解项目文件分类思路，并能够快速找到需要的工作文件。文件夹命名可以使用“数字_文件夹名字”的方式，标注数字后的命名视觉识别性更强，便于团队成员按照数字顺序查找内容。

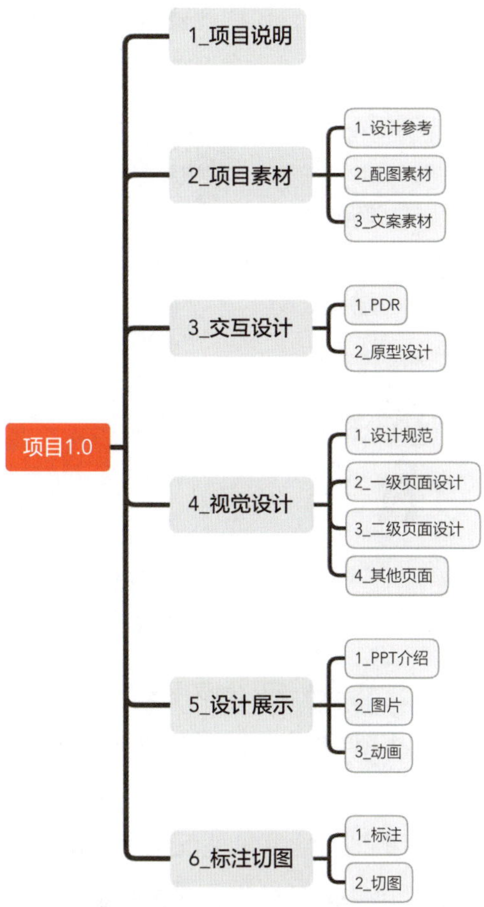

图6-17 **项目文件层级分类图**

一个项目中的界面种类多、数量多，所以具体每个界面设计文件的名字也需要注意命名规则。例如，在对界面文件进行命名时，个人页可跳转收藏和作品两个页面可以使用“项目名/一级分类/二级分类/状态”的模式进行命名，如“乡游/我的/收藏/regular”“乡游/我的/作品/regular”。这些命名可以清楚传达出交互逻辑，通过这种命名，团队成员可以清楚地知道收藏页和作品页的上一级页面均为“我的”页面。若界面层级没有很深，如首页，则可以命名为“乡游/首页”。

界面文件命名清楚后，设计文件内部的图层也需要清楚地进行命名，这可为切图输出工作提供便利，因为切图软件会直接读取图层名字作为切图输出的名字。而且，设计文件中图层的规范整理与命名可以大大降低后期新接触该项目人员的工作难度，方便项目界面的迭代更新和工作交接。设计文件中的图层一般需要按照功能模块进行编组，这样方便管理。组的命名可以根据功能模块属性命名，如导航栏、标签栏、Banner、特价活动区等。组内部的图层命名根据具体内容写清楚即可，如标签栏图层组内部会包含首页图标、我的图标、购物车图标。控件是界面设计常用元素，在使用平台规定的官方控件时，应同官方规定的控件名一致，如iOS系统中的状态栏（Status Bar）、搜索栏（Search Bar）。项目自定的控件，按照清楚明确的要求自定义控件名。设计项目运行中的文件夹、设计源文件、图层等命名规则为指导建议，具体命名需要结合每个项目团队工作要求。中文和英文的使用也需要获得团队认可，不是必须使用英文或者中文命名，解释清楚即可，这与切图的全英文命名是有区别的，需要注意区分，不要混淆。

2. 界面标注

界面标注与切图

当界面设计稿完成后，需要将设计稿切成各种素材和图片，并与技术开发人员对接，开发人员会根据设计稿的位置将各种素材和图片通过代码进行还原。如果开发出来的界面与设计师设计稿的界面差距很大，大概率是由于没有一套完整和精确的界面标注。所以界面标注就像一个说明书，它会明确告知开发人员界面内各种元素和图片的大小、色彩、位置等信息，便于开发人员按照标注中的详细尺寸对设计稿进行复原。界面一般需要标注的内容如下。

（1）文字。包括字体大小、字体颜色。图6-18所示为使用PxCook软件进行的标注，选择智能标注的生成文本样式标注会直接标注出文字的字体、字号、颜色等信息，且可以根据需要在软件中进行标注内容的调整。

图6-18　**文字标注**

（2）布局控件属性。包括控件宽高、背景色、透明度、描边、圆角大小，如图6-19所示。

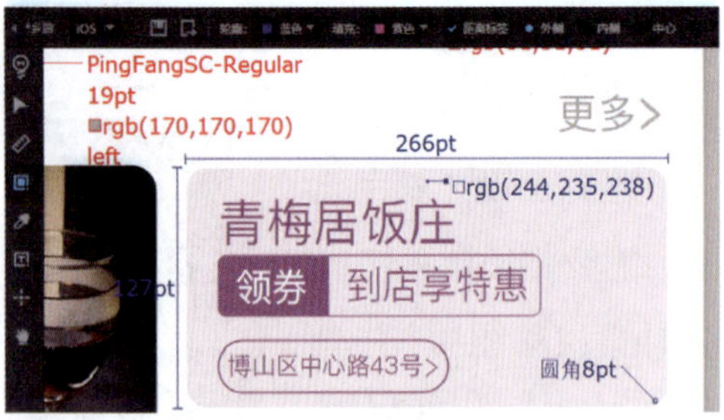

图6-19　**布局控件属性标注**

（3）列表。包括列表高度、列表颜色、列表内容上下间距，如图6-20所示。

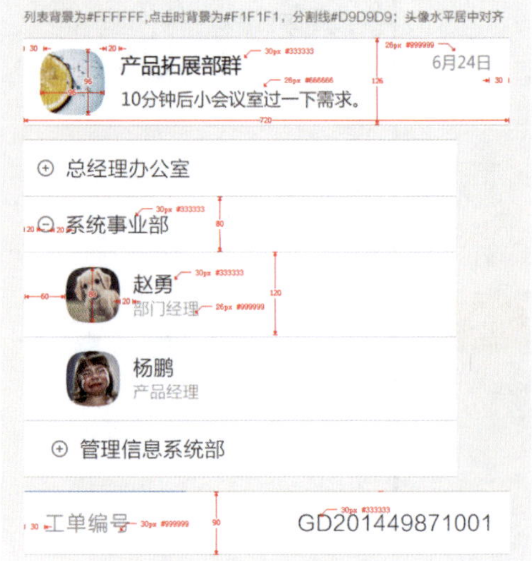

图6-20　**列表标注**

（4）间距。包括控件之间的距离、左右边距。标注控件间距时，需要注意不同手机型号之间的适配问题。由于目前手机尺寸的多样化，标注固定数值的间距不利于不同界面尺寸的适配。不同的适配方式会有不同的标注方法，不是所有的地方都需要进行测量。

例如，全部尺寸、间距都进行了标注，则适配就产生问题，无法根据实际界面尺寸进行调整，如图6-21所示。

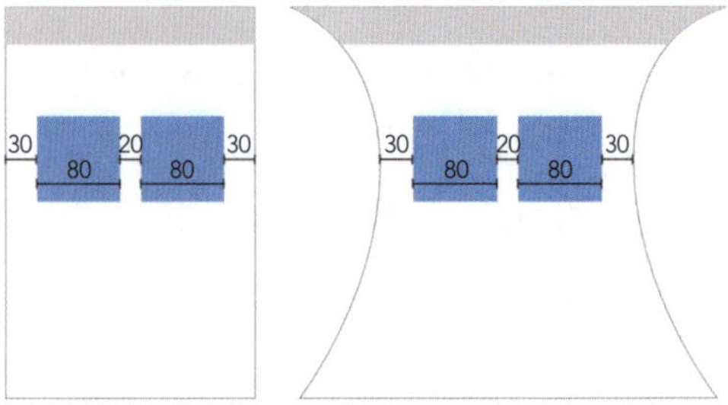

图6-21　**标注全部尺寸、间距**

如果只标注了中间的间距，适配的效果是基于中心进行对齐的，并不会对两个控件进行等比拉伸，如图6-22所示。

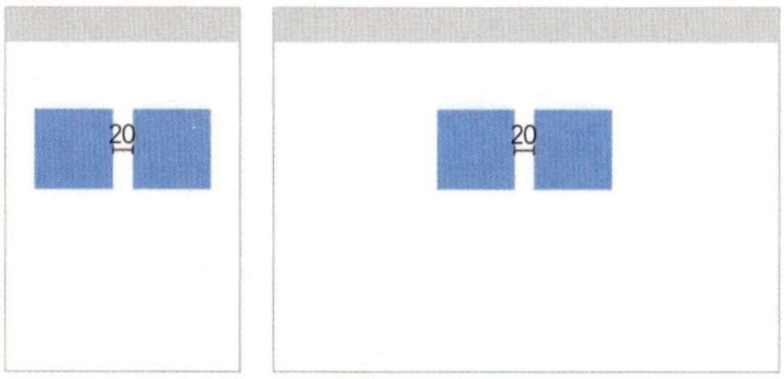

图6-22　**只标注中间的间距**

如果只标注左右两边的距离，呈现的效果就会是左右对齐，如图6-23所示。

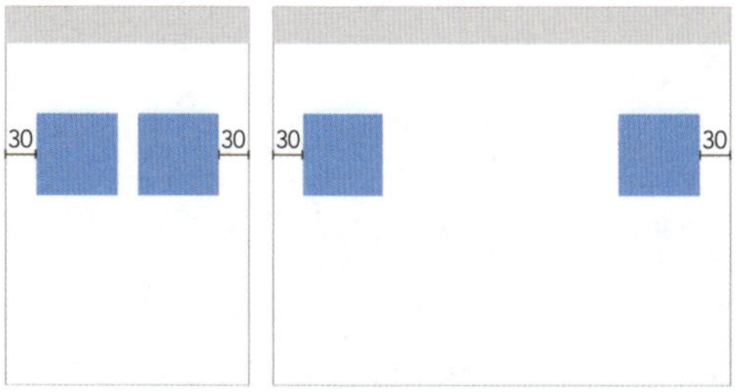

图6-23　**只标注左右两边的距离**

若需要图片进行等比例适配，则需要标注按钮与间距的比例关系，如图6-24所示。

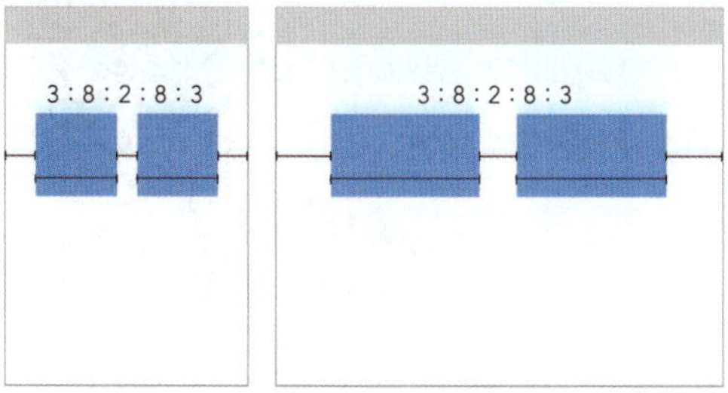

图6-24　**标注按钮与间距的比例**

如标注控件之间间距与左右间距，则可以保留间距的一致性，对图片进行拉伸适配，如图6-25所示。

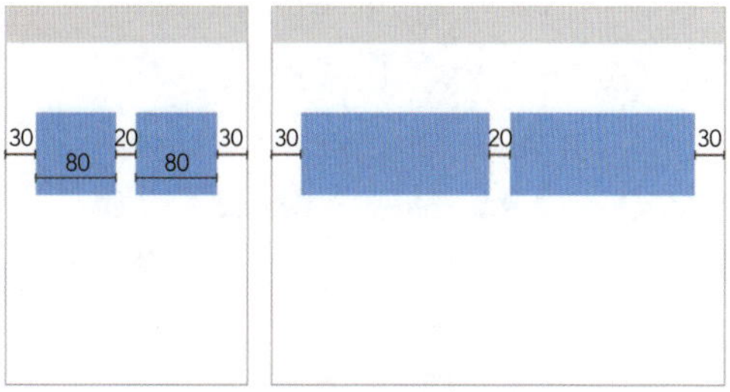

图6-25　**标注控件之间间距与左右间距**

（5）段落文字。包括字体大小、字体颜色、行距，如图6-26所示。

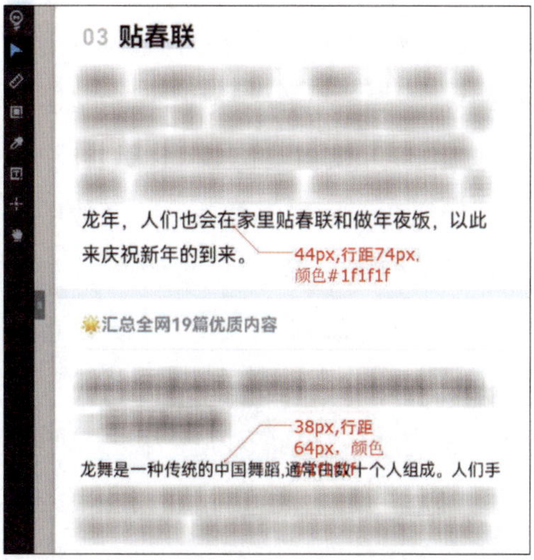

图6-26　**标注字体大小、字体颜色、行距**

（6）全部属性。包括导航栏文字大小、颜色，左右边距，默认间距等，如图6-27所示。对于通用控件，如标签栏、导航栏等，可以单独拿出来进行统一标注，方便开发人员参考数值，不需要在每个页面中都标注，省时省力且方便明确数值。

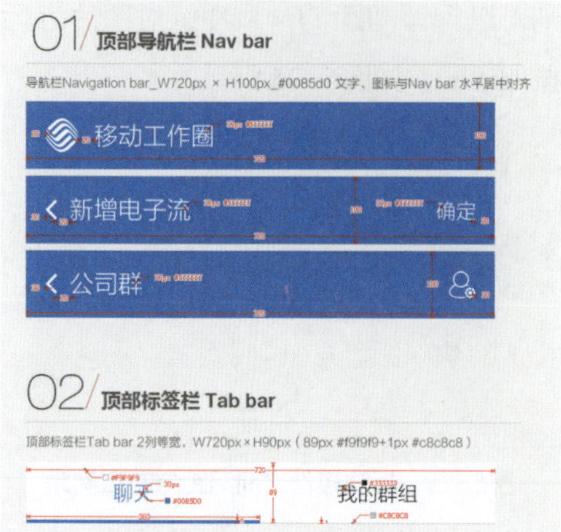

图6-27　**全部属性标注**

当上述所有信息都呈现在标注界面上时，整个界面信息就会非常多且乱。所以在进行标注时，需要有意识地处理不同标注的样式，如字体用绿色文字标注、图标的间距用紫色文字标注；注意不同标注在界面中的位置，复用控件内容只需要标注一次即可，避免标注信息的重叠，以能清晰阅读、方便查看为准。或者也可以从界面框架布局尺寸（页面边距、页面不同控件之间间距等）、控件布局（段落文字与段落的间距以及按钮与按钮的间距）、样式描述（文字大小、颜色、透明度、圆角等）三个方面进行标注。标注是一个比较烦琐的工作过程，需要精细工作，各种细节尺寸不可以出现错误。随着时代发展，现在也有一些UI工具可以完成自动标注，省去设计师在标注上的工作，如蓝湖就是一款可以自动标注的软件。

3. 界面切图

（1）切图内容。界面切图就是使用切图软件将设计稿切出一个个单独的元素，方便开发人员使用代码将界面组合完成。目前可以通过代码生成的界面内容主要有常规文字、简单背景（纯色背景、渐变背景、透明背景、不规则圆角矩形背景）、简单按钮（常规按钮、双色渐变矩形按钮、带外框的文字按钮）、分割元素（直线、常规矩形、外框），这些都是不需要进行切图的。界面中调用后台数据展现的头像、Banner广告图、产品图片等也不需要切图，这会随着后台数据进行更新，只完成一个缺省状态图即可，方便在页面内容没有读取出时做一个背景展示，缓解用户焦虑心情。

各种图标、装饰字体、含有图片的背景、不规则按钮、动图等需要切图，我们可以理解为使用设计软件通过复杂操作绘制而成的内容是代码无法实现的，所以需要进行切图。当然，具体需要对哪些内容进行切图，需要与开发人员进行沟通，契合双方工作方法和习惯才能达成高效工作。

（2）切图命名规范。

界面切图
命名规则

①切图命名规则：切图的命名规则为“组件_类别_功能_状态.png”，如“标签栏_图标_主页_默认.png”。由于代码全部为英文，所以命名使用英文，“标签栏_图标_主页_默认.png”英文为“tabbar_ icon_home_default@2x.png”。但是需要注意，这里说的是开发使用的切图是英文命名，并不是设计师输出的切图必须是英文命名，是否用英文命名需要团队进行沟通，因为切图命名的最终目的是方便开发人员快速找到切图并进行使用，如果硬性要求设计师导出的切图必须为英文命名，对设计师来说难度会增大，且可能因为英文单词使用不正确而适得其反，不利于工作的正常进行。在真实工作中，有些开发人员会要求设计师以中文命名切图，方便他们查找。

在使用英文进行命名时，需要注意一些命名原则。由于一些英文单词非常长，不利于命名，所以很多英文单词会以缩写形式进行展示，比较通用的缩写如表6-1所示。在切图英文命名中，需要注意大小写，有些开发语言无法识别大小写；命名中绝对不可以有空格；切图使用分隔符“_”而不是其他符号；命名中不允许有数字。

表6-1　常用切图命名单词缩写对照

英文缩写	中英文	英文缩写	中英文
bg	background 背景	s	selected 选中
nav	navigation bar 导航栏	pre	pressed 按下
tab	tabbar 标签栏	add	address 地址
btn	button 按钮	msg	message 提示信息
img	image 图片	cor	cut off rule 分割线
del	delete 删除	n	normal 一般
msg	message 提示信息	d	disabled 不可点
pop	pop up 弹出	ip	input 输入

②切图尺寸：切图输出的尺寸应为整数。2倍图尺寸尽量为双数，这是为了确保在开发时被高清显示。若使用PS软件以2倍或者3倍图基准进行设计，需要注意各元素尺寸数值，方便向上或者向下适配，避免出现小数尺寸。若在UI设计软件中，以逻辑像素，也就是1倍尺寸大小进行设计，则保证尺寸为整数即可，1倍向2倍、3倍图放大输出也就不会出现尺寸数值问题。

③切图区域：有些图标面积很小，若只按照图标大小切图，会造成面积太小不容易点击的问题，所以在切图时可以扩大切图区域。iOS系统要求最小点击区域为44pt × 44pt，Android系统要求最小点击区域为48dp × 48dp。若图标实际

内容小于系统要求的最小点击区域，则可以扩大切图时的周围透明区域。

产品应用图标在不同显示状态下会出现圆角矩形或者圆形，这都是系统遮罩自动完成的，所以在输出产品应用图标时，只需要保持形状为正方形即可。

④切图输出格式与套数：切图常用的输出格式为png，带投影的图层样式必须使用png。SVG为矢量格式，便于解决适配问题，目前使用趋势也有所上涨。图片格式WebP在同等质量图片下体积非常小，可在Android系统中进行使用。当界面中有大素材或者图片时，会降低产品加载速度，所以会对大素材、大图片进行压缩。

为了能够完美适配不同终端，需要根据终端的尺寸，输出不同倍数的切图。iOS系统中，输出@2x、@3x两种即可，目前@1x的设备已经被淘汰了。Android系统中，输出xhdpi、xxhdpi、xxxhdpi三种。xhdpi相当于2倍图，xxhdpi相当于3倍图，xxxhdpi相当于4倍图。

4. 标注切图软件使用方法

目前有很多界面标注切图软件支持智能标注，可以快速标注界面内容，且可以一键输出多套切图，大大降低了设计师在标注切图方面的工作时间。下面在课堂练习中介绍Photoshop文件使用PxCook和蓝湖两款软件进行标注切图的方法。市场在不断更新换代，好用的标注切图软件还有很多，大家可以多多探索。

课堂练习

扫码学习PxCook与蓝湖标注与切图。

PxCook 与蓝湖标注与切图

5. 设计交付与走查

设计交付发生在完成设计稿送达开发人员实现界面这一阶段。设计师完成设计稿并输出标注切图，并不是工作的终结，而需要持续关注开发人员实现最终界面的效果。很多时候，开发人员实现的界面效果与设计图有着很多细节部分的差别，这最终会导致整个界面用户体验效果的降低。所以需要设计师进行设计走查，发现界面实现中出现的问题并解决，很多团队将其称为设计测试。

（1）交付前自查。在实际工作中，设计师和开发人员的工作进度会有偏差，无法做到实时同步跟进，所以为了提升工作效率，确保交付内容的准确性、完整性，在交付前可以进行自查，这是设计师良好的职业素养和职业习惯。企业设计师在进行交付前自查时，一般从以下几个方面开展。

①设计规范：字号、色彩、图标、尺寸、圆角、间距等是否符合规范。

②标注：标注内容是否完整、方便读取，无重复、遮挡等。

③切图：切图是否包含背景，有无

切掉投影、描边等内容，是否符合开发人员使用，命名是否准确。

④缺省状态：是否所有状态下的缺省图都已经完成，缺省图是否表意准确。

⑤文案：是否有错别字，是否限定了文案区域。

⑥说明：是否在关键信息和必要信息处都有明确说明。

⑦适配：是否已适配多尺寸屏幕，是否提供多尺寸图片。

（2）设计走查。在将设计项目文件交付于开发人员后，开发人员完成测试版并上线，这时需要设计师对测试版进行走查。此时，设计师就是产品的用户，使用产品并产生用户体验，发现存在问题，整理问题清单，与开发人员、交互设计师等团队成员进行深入沟通。对视觉设计方面的问题，确定修改方案并及时修改。视觉设计方面走查主要从以下几方面进行。

①功能是否前后一致。

②色彩运用是否符合规范。

③字体大小层级是否符合规范。

④间距是否遵守规范且所有界面统一。

⑤页面布局是否合理。

⑥元素缩放比例是否为1∶1，有无压缩情况。

⑦页面信息视觉流是否清晰合理。

⑧相同功能的控件样式是否一致，控件状态是否齐全。

⑨异常状态、特殊状态、数据为空状态是否都完善。

⑩交互引导是否存在且合理。

工作任务 界面标注与切图

学生工作手册

工作情景描述

在对校企合作设计公司的老年康养资讯App修改完善后，需要与开发团队对接，完成界面的标注，输出页面切图，帮助开发人员实现页面设计效果。

活动思考

问题1：UI设计中的标注和切图是什么？

问题2：UI设计中，哪些内容需要切图？哪些内容不需要切图？

问题3：UI设计标注切图完成后，还需要进行什么工作？

思想提升

习近平总书记在党的二十大报告指出：“我们深入贯彻以人民为中心的发展思想，在幼有所育、学有所教、劳有所得、病有所医、老有所养、住有所居、弱有所扶上持续用力，人民生活全方位改善。”请谈一下作为UI设计师可以为以人民为中心的发展做出什么贡献。

工作任务实施

活动步骤	活动要求	活动安排	活动记录
步骤1：小组分工	小组成员分别使用PxCook和蓝湖完成标注与切图	具体活动1：分任务，小组明确PxCook组与蓝湖组，分别使用两款软件完成标注与切图	
		具体活动2：分别下载安装软件，并进行初步尝试	
步骤2：进行标注与切图	小组分工完成界面的标注与切图工作	具体活动1：小组讨论，确定界面需要标注和切图的内容	
		具体活动2：小组合作，使用软件完成界面标注与切图	
		具体活动3：PxCook组与蓝湖组将标注与切图的任务成果进行集中研讨，交流两个软件使用方法及标注切图中需要注意的内容	

续表

<table>
<tr><th>活动步骤</th><th>活动要求</th><th>活动安排</th><th>活动记录</th></tr>
<tr><td rowspan="2">步骤3：优化任务结果</td><td rowspan="2">结合讨论情况，针对完成内容进行修改优化</td><td>具体活动1：组内判定标注切图任务完成度，对错误内容进行及时整改</td><td></td></tr>
<tr><td>具体活动2：制作汇报PPT文件，总结本任务所学知识</td><td></td></tr>
<tr><td rowspan="3">步骤4：交付与对接</td><td rowspan="3">将设计成果与企业交付对接</td><td>具体活动1：交付前进行自查</td><td></td></tr>
<tr><td>具体活动2：将标注切图成果与企业对接，听取企业反馈</td><td></td></tr>
<tr><td>具体活动3：对存在问题进行修改</td><td></td></tr>
</table>

评价与总结

<table>
<tr><th>一级指标</th><th>二级指标</th><th>评价内容</th><th>分值</th><th>自评</th><th>互评</th><th>教师</th><th>企业专家</th></tr>
<tr><td rowspan="5">学习过程（50分）</td><td>自律能力</td><td>能够在规定时间内完成下发的各项任务</td><td>2</td><td></td><td></td><td></td><td></td></tr>
<tr><td rowspan="2">学习能力</td><td>能够通过自学线上资源，完成自测</td><td>3</td><td></td><td></td><td></td><td></td></tr>
<tr><td>掌握切图和标注的要求与方法</td><td>15</td><td></td><td></td><td></td><td></td></tr>
<tr><td>实际操作能力</td><td>能够对App进行规范化标注与切图</td><td>20</td><td></td><td></td><td></td><td></td></tr>
<tr><td>小组协作能力</td><td>能够与小组成员分工合作，有团队精神</td><td>10</td><td></td><td></td><td></td><td></td></tr>
<tr><td rowspan="3">作品得分（50分）</td><td rowspan="3">职业岗位能力</td><td>标注切图符合行业规范</td><td>20</td><td></td><td></td><td></td><td></td></tr>
<tr><td>能够准确流畅地同企业完成设计交付与对接</td><td>10</td><td></td><td></td><td></td><td></td></tr>
<tr><td>企业满意度</td><td>20</td><td></td><td></td><td></td><td></td></tr>
</table>

续表

一级指标	二级指标	评价内容	分值	自评	互评	教师	企业专家
总结							

老师提示

标注与切图是为了能够满足开发人员对于效果图的高度还原需求，直接影响到工程师对设计效果的还原度，并且也是设计师重要的输出物之一。因此，做到合适、精准的切图可以最大限度地还原设计图，起到事半功倍的效果。

参考文献

[1] 吕云翔，杨婧玥. UI交互设计与开发实战[M]. 北京：机械工业出版社，2020.

[2] 腾讯云计算（北京）有限责任公司. 界面设计（中级）[M]. 北京：高等教育出版社，2021.

[3] Robin Williams. 写给大家看的设计书[M]. 苏金国，李盼，译. 4版. 北京：人民邮电出版社，2016.

[4] 樽本彻也. 用户体验与可用性测试[M]. 陈啸，译. 北京：人民邮电出版社，2015.

[5] Alan Cooper，Robert Reimann，David Cronin，等. About Face 4：交互设计精髓[M]. 倪卫国，刘松涛，薛菲，等译. 北京：电子工业出版社，2015.

[6] 张野，施倩倩，李星星. 移动端界面风格的新复古主义浪潮：2010—2020年[J]. 工业工程设计，2023，5（5）：65-73.

[7] 马媖泽. 浅析艺术元素在UI界面设计中的应用[J]. 辽宁师专学报（自然科学版），2023，25（3）：71-73.

[8] 田华. “UI设计”类课程思政建设要义及实践策略[J]. 教育理论与实践，2023，43（24）：35-38.

[9] 卢嫄. 基于BOPPPS教学模式的智慧课堂构建研究——以高职“UI动效设计”课程为例[J]. 科技风，2023，（21）：34-36.

[10] 穆宝宁，张小卫. 基于“艺德、艺能、艺行”三维度的高职院校设计类专业课程思政教学改革研究[J]. 陕西青年职业学院学报，2023，（2）：17-20.

[11] 郑璀颖，蔡茵茵，张嘉怡. 失智老人可穿戴产品界面的反馈设计研究[J]. 大众文艺，2024，（2）：36-38.

[12] 姚卜月，陶垠颖，陶奕轩. 人工智能时代下交互设计人才培养的创新研究——以浙江科技大学艺术设计与服装学院“动态界面设计”课程为例[J]. 纺织报告，2024，43（1）：86-88.

[13] 苏玉香，郑玲，刘冬圆，等. 基于用户体验的App隐私政策可视化交互设计[J]. 鞋类工艺与设计，2023，3（23）：175-177.

[14] 设计师Jacky. 苹果iOS设计规范指南[EB/OL].（2022-11-13）[2024-04-03].https://zhuanlan.zhihu.com/p/582860769?utm_id=0.

[15] Apple Developer. 人机界面指南[EB/OL].（2024-01-31）[2024-03-03]. https://developer.apple.com/cn/design/.

[16] CDC&IXDC. 2020中国用户体验行业发展调研报告[EB/OL].（2020-12-25）[2024-03-03]. https://www.199it.com/archives/1178059.html.